水利基本建设会计核算基础理论与实务

水利部建设管理与质量安全中心　编著

中国水利水电出版社
www.waterpub.com.cn
·北京·

内 容 提 要

本书在遵循我国现行会计核算相关法律、法规、政策和准则制度的基础上，系统介绍了建设单位从货币资金到固定资产形成全过程的会计核算工作。全书涵盖了水利基本建设会计核算绪论、会计基础工作、会计账簿与会计科目设置、基本建设会计核算以及会计报表等内容，并结合某新建水库项目会计核算工作示例，以执行《政府会计制度》为主线，系统、完整地介绍了建设单位从会计机构人员配备、账簿科目设置、会计核算和竣工财务决算等全过程的会计核算工作，使建设单位的会计财务工作者既能有效把握制度规定，又能系统理解相关理论知识，指导性和操作性强。同时，本书还收集了近年来水利基本建设项目会计核算实践中的常见问题及需要重点关注的事项，充分体现了会计工作的核算和监督职能。

本书注重理论与实践相结合，聚焦实务操作和重点关注事项。本书可作为水利基本建设项目建设单位财务工作者、管理人员以及从事水利基本建设资金管理和监督检查相关人员的工作用书和培训教材，也可作为高等院校会计学与财务管理等相关专业的教材和参考用书。

图书在版编目（CIP）数据

水利基本建设会计核算基础理论与实务 / 水利部建设管理与质量安全中心编著. -- 北京 : 中国水利水电出版社, 2024. 8. -- ISBN 978-7-5226-2695-6

Ⅰ. F426.967.2

中国国家版本馆CIP数据核字第2024PL3925号

书　　名	**水利基本建设会计核算基础理论与实务** SHUILI JIBEN JIANSHE KUAIJI HESUAN JICHU LILUN YU SHIWU
作　　者	水利部建设管理与质量安全中心　编著
出版发行	中国水利水电出版社 （北京市海淀区玉渊潭南路1号D座　100038） 网址：www.waterpub.com.cn E-mail：sales@mwr.gov.cn 电话：(010) 68545888（营销中心）
经　　售	北京科水图书销售有限公司 电话：(010) 68545874、63202643 全国各地新华书店和相关出版物销售网点
排　　版	中国水利水电出版社微机排版中心
印　　刷	天津嘉恒印务有限公司
规　　格	184mm×260mm　16开本　14印张　341千字
版　　次	2024年8月第1版　2024年8月第1次印刷
印　　数	0001—5000册
定　　价	**88.00**元

《水利基本建设会计核算基础理论与实务》
编 写 委 员 会

编　写　组

主　　编： 刘湘宁　刘建树

副 主 编： 张　婕　宋　峰　张军红

编写人员： 潘祖华　刘红敏　林　涛　周春兰　张静宜　肖晋平　李　红　张振洲　付雪涵　李苗苗　李越川　张志昂　禹小迅　左亚楠

前　言

深入贯彻落实习近平总书记治水思路和关于治水重要论述精神，统筹高质量发展和高水平安全，聚焦为新阶段水利高质量发展提供有力的财务保障总目标，是当前和今后一个时期水利财务工作者肩负的重要历史使命，必须正确认识、准确把握面临的新形势新要求，不断强化新阶段水利高质量发展的财务保障。

近年来，全国水利建设投资稳定在万亿元以上规模，财政性资金投入持续增长，水利行业与政策性、开发性、商业性金融机构战略合作持续深化，金融信贷、社会资本共同发力的水利投融资格局逐步形成。投融资体制、公共财政体制、水利建设管理体制以及财务会计法规制度等方面的改革措施多、力度大，对水利基本建设会计核算和财务管理提出更高要求。贯彻落实各项改革措施，编写一套系统性、专业性和实操性强的水利基本建设会计核算和财务管理教材，对增强防范水利建设资金使用管理风险的能力，规范建设单位会计核算工作，确保水利建设资金安全非常必要。

本书依据我国现行的《政府会计制度》《企业会计准则》和《国有建设单位会计制度》的相关规定，结合水利基本建设项目管理特点，围绕项目建设资金运行轨迹，系统介绍了建设单位从货币资金到固定资产形成全过程的会计核算工作。全书共十一章，涵盖了水利基本建设会计核算绪论、会计基础工作、会计账簿与会计科目设置、基本建设会计核算以及会计报表等内容。

本书注重理论与实践相结合，聚焦实务操作和重点关注事项。在遵循我国现行会计核算相关法律、法规、政策和准则制度的基础上，阐释了会计核算的相关基础理论知识，并结合某新建水库项目会计核算工作示例，以执行《政府会计制度》为主线，系统、完整地介绍了建设单位从会计机构人员配备、账簿科目设置、会计核算和竣工财务决算等全过程的会计核算工作，使建设单位的会计财务工作者既能有效把握制度规定，又能系统理解相关理论知识，指导性和操作性强。同时，本书还收集了近年来水利基本建设项目会计核算实践中的常见问题及需要重点关注的事项，充分体现了会计工作的核算和监督职能。

本书可作为水利基本建设项目建设单位财务工作者、管理人员以及从事水利基本建设资金管理和监督检查相关人员的工作用书和培训教材，也可作为高等院校会计学与财务管理等相关专业的教材和参考用书。

使用本书时，应注意以下三个方面的问题：一是本书以执行《政府会计制度》的会计核算工作为主线，简要介绍执行《企业会计准则》和《国有建设单位会计制度》的会计核算内容。二是本书示例在采用某水库项目会计核算实际资料的基础上，做了适当的改编与调整。三是因时间关系，本书采用的某新建水库项目竣工财务决算示例，以《水利基本建设项目竣工财务决算编制规程》（SL 19—2014）编制，仅供参考，现行应以水利部2023年11月实施的《水利基本建设项目竣工财务决算编制规程》（SL/T 19—2023）为准。

在本书的编写过程中，刘湘宁负责统筹谋划编写大纲及其主要内容，并组织集中讨论修改；刘建树、张婕、李红等负责组织指导各章节编写，并负责集中统稿。在示例编写过程中，河南省水利厅、河南省出山店水库运行中心、河南省水利水电工程质量安全中心等单位给予了极大的支持和帮助。谨此向有关单位和所有参与本书编写的人员致以衷心的感谢！

尽管所有组织者与编写者竭尽心智，精益求精，本书仍有进一步提升的空间，敬请广大读者提出宝贵意见和建议，以便不断修订完善。

作者

2024年7月

目　　录

第一章　绪　论

第一节　水利基本建设项目

一、概念及特点

（一）概念

（1）项目。项目是指在一定的约束条件下（主要是限定时间、限定资源），具有明确目标的一次性任务，即人们通过努力，运用各种方法，将人力、材料设备和财务等资源组织起来，根据相关策划安排，进行一项独立的一次性或长期无限期的工作任务，以期达到由数量和质量指标所限定的目标。

（2）基本建设。基本建设是指以新增工程效益或者扩大生产能力为主要目的的新建、续建、改扩建、迁建、大型维修改造工程及相关工作。

（3）水利基本建设项目。水利基本建设项目是指按照国家有关部门批准的水利建设项目设计要求组织施工的，建成后具有完整的系统，可以独立地形成防洪、除涝、灌溉、供水、发电等一项或多项功能或使用价值的一次性任务。一般包括项目建议书、可行性研究报告、施工准备、初步设计、建设实施、生产准备、竣工验收、绩效考核、后评价等阶段。

（二）特点

（1）在一个批复的初步设计范围内，由一个或若干个互相有内在联系的单位工程所组成，建设过程中实行统一核算、统一管理。

（2）在一定的约束条件下，以形成固定资产为特定目标。约束条件：建设工期、投资总量、质量标准和功能效益等。特定目标：以形成新的实物工程量即“建筑安装工程”（俗称“土建工程”）为主要内容。

（3）遵循基本建设程序管理规定，即一个水利基本建设项目从提出建设的设想、建议、方案选择、评估、决策、勘察、设计、施工一直到竣工、交付使用，均是一个有序的受约束的活动过程。

（4）具有一次性特点，其表现是投资的一次性，建设地点固定的一次性，设计和施工的一次性。投资的一次性是指建设资金运动是短暂的、一次性的，具体表现为建设资金运动的非循环周转特征，即资金供应、生产后，未经销售便退出基本建设阶段，资金在运动过程中不发生增值，也不会出现简单再生产或扩大再生产的情形。

（5）有特殊的组织和法律条件。水利基本建设项目的参与单位之间主要以合同作为纽带相互联系，并以合同作为分配工作、划分权力和责任关系的依据。项目参与方之间在建设过程中的协调主要通过合同、法律和规范实现。

（6）涉及面广。一个建设项目涉及建设规划、计划、财政、税收、金融、国土资源、环境保护等政府部门和单位，项目组织者需要做大量的协调工作。

（7）作用和影响具有长期性。每个建设项目的建设周期、运行周期、投资回收周期都很长，因此其影响面大、作用时间长。

（8）环境因素制约多。每个建设项目都受建设地的气候条件、水文地质、地形地貌等多种环境因素的制约，建设管理及其相应的投资变更调整概率大。

二、项目分类

水利基本建设项目的建设性质、建设规模、功能作用、管理级次、投资构成和经济属性，对水利基本建设项目的投资来源和资金使用管理均有相应的管理要求。

（一）按建设性质分类

基本建设分为新建、续建、改扩建、迁建和大型维修改造五类。

使用预算安排的资金进行固定资产投资建设活动，限定在新建、扩建、改建、技术改造等四类。

按水利建设投资统计调查的相关口径，将水利建设投资项目分为新建、扩建、改建和技术改造、单纯建造生活设施、迁建、恢复、单纯购置和前期工作等八类。其中将灌区续建配套与节水改造、水库（闸）除险加固等一般列入改建性质，在立项审批文件中列有新增生产能力或效益时，应列入扩建性质。此类项目涉及新增资产与原有资产的计算和确认等衔接问题。

（二）按建设规模分类

水利基本建设项目按规模分为大型、中型、小型和其他。大中小型工程的划分标准主要分为大（1）型、大（2）型、中型、小（1）型和小（2）型五类；其他是指水利建设项目前期工作等不产生固定资产的项目。

（三）按功能作用分类

水利基本建设项目按功能作用分类如下：

（1）控制性枢纽工程，包括水库枢纽工程、水闸枢纽工程和其他枢纽工程。

1）水库枢纽工程是指具有防洪、通航、发电、灌溉、供水或生态保护等多目标能力的蓄水枢纽工程，包括滞洪水库工程。

2）其他枢纽工程是指除水库、水闸枢纽工程外的其他枢纽工程。

（2）防洪工程，包括堤防工程、江河湖泊治理工程、大江大湖治理工程、主要支流治理工程、中小河流治理工程、其他江河湖泊治理工程、行蓄洪区安全建设工程、城市防洪工程、水库除险加固（大中型、小型）工程、海堤建设工程、国际界河工程、大中型病险水闸除险加固工程、山洪灾害防治工程、其他防洪工程。

（3）灌溉除涝工程，包括灌区建设工程、节水灌溉工程、小型农田水利工程、中小型水库工程、泵站工程、其他灌溉除涝工程。

（4）供水工程，包括引水（调水）工程、农村饮水安全巩固提升工程、抗旱工程、地下水超采综合治理工程、其他供水工程。

（5）水务工程，包括自来水厂、城镇供水管线、城镇排水系统、污水处理、其他水务能力建设等工程。

（6）非常规水资源利用工程，包括中水回用、雨水集用、海水淡化等工程。

（7）水电开发利用工程，包括水力发电工程、电网建设与改造工程、水电增效扩容工程、小水电代燃料工程、其他电气化工程。

（8）水土保持及生态保护工程，包括水土流失治理工程、流域生态综合治理工程、水环境污染防治工程、水利血防工程、河湖连通工程、淤地坝治理工程、其他环境水利工程。

（9）滩涂处理及围垦工程。

（四）按管理级次分类

水利基本建设项目按其对社会和国民经济发展的影响分为中央水利基本建设项目（以下简称中央项目）和地方水利基本建设项目（以下简称地方项目）。

（1）中央项目。中央项目是指对国民经济全局、社会稳定和生态环境有重大影响的防洪、水资源配置、水土保持、生态建设、水资源保护等项目，或中央认为负有直接建设责任的项目。中央项目在规划中界定，在审批项目建议书或可行性研究报告时明确。中央项目由水利部（或流域机构）负责组织建设并承担相应责任。

（2）地方项目。地方项目是指局部受益的防洪除涝、城市防洪、灌溉排水、河道整治、供水、水土保持、水资源保护、中小型水电建设等项目。地方项目在规划中界定，在审批项目建议书或可行性研究报告时明确。地方项目由地方人民政府负责组织建设并承担相应责任。

地方项目按审批程序、资金来源分为三类：中央参与投资的地方项目、中央补助的地方项目、一般地方项目。中央参与投资的地方项目是指由中央审批立项，并在立项阶段确认中央投资额度的项目；中央补助的地方项目是指由地方审批立项、中央根据有关政策给予适当投资补助的项目；一般地方项目是指由地方审批立项并全部由地方投资建设的项目。

（五）按投资构成分类

水利基本建设项目按投资构成分为政府投资项目和企业等其他社会投资项目。

政府投资项目以直接投资方式为主；对确需支持的经营性项目，主要采取资本金注入方式，也可以适当采取投资补助、贷款贴息等方式。

（六）按经济属性分类

水利基本建设项目按其经济属性分为非经营性项目和经营性项目两类。

（1）非经营性项目。非经营性项目指不以营利为目的，以提供社会公共服务和公共产品为目标的建设项目。

非经营性项目又可以分为公益性项目、准公益性项目。公益性项目指具有防洪、排涝、抗旱和水资源管理等社会公益性管理和服务功能，自身无法得到相应经济回报的水利项目，如堤防工程、河道整治工程、蓄滞洪区安全建设、除涝、水土保持、生态建设、水资源保护、贫困地区人畜饮水、防汛通信、水文设施等。准公益性项目指既有社会效益、又有经济效益的水利项目，其中大部分是以社会效益为主。如综合利用的水利枢纽（水库）工程、大型灌区节水改造工程等。

（2）经营性项目。经营性项目指具有长期的、相对稳定的经营收入的投资建设项目，如以供水、发电等为主要功能的建设项目。

三、建设程序

建设程序是指工程项目从策划、评估、决策、设计、施工到竣工验收、投入生产或交付使用的整个建设过程中，各项工作必须遵循的先后工作次序。建设程序是工程建设过程客观规律的反映，是建设工程项目科学决策和顺利进行的重要保证。建设程序是人们长期在工程项目建设实践中得出来的经验总结，不能任意颠倒，但可以合理交叉。

根据现行制度规定，水利基本建设项目建设程序一般分为：项目建议书、可行性研究报告、施工准备、初步设计、建设实施、生产准备、竣工验收、绩效评价、后评价等阶段。

（一）项目建议书阶段

项目建议书是根据国民经济和社会发展规划与地区经济发展规划的总要求，在经批准（审查）的江河流域（区域）综合利用规划或专业规划的基础上提出的开发目标和任务。此阶段主要包括下列内容：

（1）提出维持项目正常运行所需管理维护费用以及负担原则、来源和应采取的措施。

（2）投资估算及资金筹措。提出项目投资主体的组成以及对投资承诺的初步意见和资金来源设想，利用贷款还应初拟资本金和贷款额度及来源、贷款年利率以及借款偿还措施。

（3）经济评价、结论和建议。

（二）可行性研究报告阶段

可行性研究报告阶段是对建设项目进行方案比较，在技术上是否可行、经济上是否合理进行的科学分析和论证。经过批准的可行性研究报告，是项目决策和进行初步设计的依据。可行性研究报告，由项目法人（或筹备机构）组织编制。与财务管理和会计核算相关的主要内容包括：

（1）施工组织设计，简述工程控制性进度及总工期。

（2）工程管理，简述管理单位类别和性质、机构设置方案、人员编制、管理范围和保护范围、主要管理设施设备、管理经费及来源等。

（3）投资估算，简述工程部分、建设征地移民补偿、环境保护工程、水土保持工程投资估算的编制原则、依据、价格水平和投资，以及工程静态总投资、差价预备费、建设期融资利息和总投资。

（4）经济评价，简述费用和效益估算、国民经济评价、资金筹措方案、财务评价的主要方法和结论。

（三）施工准备阶段

项目可行性研究报告已经批准，年度水利投资计划下达后，项目建设单位即可开展施工准备工作，此阶段主要内容包括：施工现场的征地、拆迁；完成施工用水、电、通信、路和场地平整等工程；必需的生产、生活临时建筑工程；实施经批准的应急工程、试验工程等专项工程；组织招标设计、咨询、设备和物资采购等服务；组织相关监理招标，组织主体工程招标准备工作。

（四）初步设计阶段

初步设计是根据批准的可行性研究报告和必要而准确的设计资料，对设计对象进行通盘研究，阐明拟建工程在技术上的可行性和经济上的合理性，规定项目的各项基本技术参数，编制项目的总概算。初步设计文件经批准后，主要内容不得随意修改、变更，并作为项目建设实施的技术文件基础。如有重要修改、变更，须经原审批机关复审同意。与财务管理和会计核算相关的主要内容包括：

（1）施工组织设计，提出工程筹建期、工程准备期、主体工程施工期和工程完建期四个阶段控制性关键项目，以及进度安排、工程量及工期确定，进行施工强度、劳动力、机械设备和土石方平衡计算。说明施工总进度的关键线路及分阶段工程形象面貌的要求。

（2）工程管理设计，明确工程类别和管理单位性质；明确运行期工程管理体制和管理单位组建方案，以及外部隶属关系、相应的职责和权利；明确拟建工程的建设期管理机构设置及工程建设招标投标方案。

（3）设计概算，说明工程静态总投资、总投资，工程部分投资、建设征地移民补偿投资、环境保护工程投资、水土保持工程投资、价差预备费以及建设期融资利息等设计概算主要指标，并提出设计概算报告。设计概算报告包括工程概况、投资主要指标、编制原则和依据、价格水平，以及基础单价、工程单价、各部分工程概算、总概算的编制方法、费用标准等编制说明；工程概算总表，含工程部分、建设征地移民补偿、环境保护工程和水土保持工程等投资。经核定的概算应作为项目建设实施和控制投资的依据。初步设计提出的投资概算超过经批准的可行性研究报告提出的投资估算10%的，项目单位应当向投资主管部门或者其他有关部门报告，投资主管部门或者其他有关部门可以要求项目单位重新报送可行性研究报告。

（4）经济评价，简述建设项目设计概算（不含建设期利息）的主要依据、价格基准年、分年度投资计划，说明初步设计与可行性研究阶段投资变化情况；根据上级主管部门对可行性研究阶段资金筹措方案的审查、批复意见，复核资金筹措方案。结论与建议。

（五）建设实施阶段

建设实施阶段是指主体工程的建设实施，项目建设单位按照批准的建设文件，组织工程建设，保证项目建设目标的实现。此阶段主要内容包括：项目建设单位要充分授权工程监理，使之能独立负责项目的建设工期、质量、投资的控制和现场施工的组织协调。

（六）生产准备阶段

生产准备是项目投产前所要进行的一项重要工作，是建设阶段转入生产经营的必要条件。项目建设单位应按照建管结合和项目法人责任制的要求，适时做好有关生产准备工作。此阶段主要包括下列内容：

（1）生产组织准备。建立生产经营的管理机构及相应管理制度。

（2）招收和培训人员。按照生产运营的要求，配备生产管理人员，并通过多种形式的培训，提高人员素质，使之能满足运营要求。生产管理人员要尽早介入工程的施工建设，参加设备的安装调试，熟悉情况，掌握好生产技术和工艺流程，为基本建设和生产经营的顺利衔接做好准备。

（3）生产的物资准备。主要是落实投产运营所需要的原材料、协作产品、工器具、备品备件和其他协作配合条件的准备。

(4) 正常的生活福利设施准备。

(5) 开展营运。及时具体落实产品销售合同协议的签订，提高生产经营效益，为偿还债务和资产的保值增值创造条件。

(七) 竣工验收阶段

竣工验收是工程完成建设目标的标志，是全面考核基本建设成果、检验设计和工程质量的重要步骤。竣工验收合格的项目即从基本建设转入生产或使用。此阶段主要包括下列内容：

(1) 组织验收。当建设项目的建设内容全部完成，并经过单位工程验收（包括工程档案资料的验收），符合设计要求并按水利基本建设项目档案资料管理规定的要求完成了档案资料的整理工作；完成竣工报告、竣工财务决算等必需文件的编制后，项目建设单位按照水利工程建设项目管理规定的要求，向验收主管部门提出申请，根据相关验收规程组织验收。

(2) 竣工决算审计。竣工财务决算编制完成后，须由审计机关组织竣工审计，其审计报告作为竣工验收的基本资料。

(3) 遗留问题处理。工程规模较大、技术较复杂的建设项目可先进行初步验收。不合格的工程不予验收；有遗留问题的项目，对遗留问题必须有具体处理意见，且有明确的整改限期要求和责任人。

(八) 绩效评价阶段

项目绩效评价是指财政部门、项目主管部门根据设定的项目绩效目标，运用科学合理的评价方法和评价标准，对项目建设全过程中资金筹集、使用及核算的规范性、有效性，以及投入运营效果等进行评价的活动。此阶段主要包括下列内容：

(1) 评价内容。项目绩效评价应当重点对项目建设成本、工程造价、投资控制、达产能力与设计能力差异、偿债能力、持续经营能力等实施绩效评价，根据管理需要和项目特点选用社会效益指标、财务效益指标、工程质量指标、建设工期指标、资金来源指标、资金使用指标、实际投资回收期指标、实际单位生产（营运）能力投资指标等评价指标。

(2) 结果应用。财政部门负责制定项目绩效评价管理办法，对项目绩效评价工作进行指导和监督，选择部分项目开展重点绩效评价，依法公开绩效评价结果。绩效评价结果作为项目财政资金预算安排和资金拨付的重要依据。

(九) 后评价阶段

建设项目竣工投产后，一般经过1～2年生产运营后，要进行一次系统的项目后评价。投资主管部门或者其他有关部门应当按照国家有关规定选择有代表性的已建成政府投资项目，委托中介服务机构对所选项目进行后评价。后评价应当根据项目建成后的实际效果，对项目审批和实施进行全面评价并提出明确意见。此阶段主要包括下列内容：

(1) 影响评价。项目投产后对各方面的影响进行评价。

(2) 经济效益评价。对项目的投资、国民经济效益、财务效益、技术进步和规模效益、可行性研究深度等进行评价。

(3) 过程评价。对项目的立项、设计施工、建设管理、竣工投产、生产运营等全过程进行评价。

第二节　实施主体及会计制度适用

一、实施主体

水利基本建设项目的实施主体是建设单位，建设单位是建设工程的发起者、投资者或组织者，也称业主，是工程建设项目建设过程的总负责方。

为规范建设单位行为，建立投资责任约束机制，提高投资收益，确保工期和工程质量，党的十一届三中全会以后，随着改革开放的不断深化和扩大，以及社会主义市场经济体制的确立和逐步完善，在基本建设领域推行了“四制”（即项目法人责任制、工程监理制、招标投标制、合同管理制）改革，在建设管理中实行项目法人责任制。项目法人责任制要求项目法人对建设工程项目负有法定责任，对工程项目建设进行全面的全过程管理，这就给“建设单位”赋予了新的内涵。

项目法人，是按照国家工程项目“四制”的管理规定，对工程项目建设承担法定责任的法人，包括企业法人、机关法人、事业（单位）法人和社（会）团（体）法人。

在建设管理相关法规中，建设单位与项目法人概念的内涵及法定职责基本一致，多数情况为同一组织。财政部制定的基本建设财务管理制度中的项目“建设单位”与“项目法人”内涵也基本一致。因此，本书将“建设单位”与“项目法人”等同使用。

二、项目法人组建与分类

现行制度规定，水利基本建设项目可行性研究报告应明确项目法人组建主体，提出建设期项目法人机构设置方案，包括按出资对象组建以及按工程规模和受益范围组建两种方式。

水利基本建设项目法人的组建类别一般根据项目的规模、功能和经济属性等确定。

（一）按组织机构性质分类

水利基本建设项目法人按其组织机构性质可分为事业性质项目法人和企业性质项目法人。水利基本建设项目在可行性研究报告阶段就应基本确定管理单位的类别和性质、行政隶属关系和资产权属、机构设置方案、人员编制和职责。

（1）事业性质项目法人主要承担以政府出资为主的非经营性水利工程建设项目。主要包括各级水行政主管部门所属的现有的事业单位（技术支撑事业单位、事业性质的水利工程运行管理单位）和为水利工程建设项目新批准成立的事业单位。

（2）企业性质项目法人主要承担以社会出资为主或采取资本金注入、投资补助、贷款贴息等方式的经营性水利工程建设项目。主要包括各级政府成立的承担水利工程建设任务的水利投资企业、实施“政府与社会资本合作”成立的企业，以及为新建的经营性水利工程建设项目成立的企业。

（二）按建设管理方式分类

（1）仅负责水利工程建设阶段的项目法人，包括由各级政府或其授权部门组建常设专职机构，履行项目法人职责，集中承担辖区内政府出资的水利工程建设（一个项目法人承担多个建设项目)，或授权组建机构仅承担一个水利工程建设项目（一个项目法人承担一个建设项目)。此类项目法人只负责工程建设，竣工验收后移交给相关的运行管理单位。

(2) 按照建设和运行管理一体化原则组建项目法人，即项目法人是水利工程建设和运行管理的责任主体。现行制度规定，对已有工程实施改建、扩建或除险加固的项目，可以以已有的运行管理单位为基础组建项目法人。

水利基本建设项目法人组建和类别不同，其资金的筹集管理、预算级次和管理方式以及管理费用的使用范围等会存在一定的差异。

三、会计制度适用

水利基本建设项目法人（为了与现行会计制度衔接一致，以下均称为“项目建设单位”）应该执行国家颁布的法律法规、部门规章、制度办法等，规范会计行为，加强会计基础工作，保证会计工作依法有序地进行。

项目建设单位适用的会计法规制度有《中华人民共和国会计法》《会计基础工作规范》等。建设和运行管理一体的事业性质项目法人执行政府会计准则制度。建设和运行管理一体的企业性质项目法人执行企业会计准则制度。仅为水利基本建设项目建设阶段负责，建成后移交给运行管理单位而组建的、一次性的事业性质或企业性质的水利基本建设项目法人，可以使用《国有建设单位会计制度》。

（一）政府会计准则制度

政府会计准则制度包括《政府会计准则》《政府会计制度——行政事业单位会计科目和报表》和《政府会计准则制度解释》等。

项目建设单位实施“财务会计”与“预算会计”适度分离又相互衔接的“双基础”会计核算模式。财务会计基于权责发生制核算生成单位财务信息，预算会计基于收付实现制核算生成反映单位预算执行信息。对于纳入部门预算管理的现金收支业务，在采用财务会计核算的同时应当进行预算会计核算；对于其他业务，仅需进行财务会计核算。

项目建设单位应按照《政府会计准则第 3 号——固定资产》《政府会计准则第 5 号——公共基础设施》和《政府会计准则第 4 号——无形资产》的规定，科学合理地确认、计量、记录和报告固定资产和水利基础设施新建、续建、改扩建、迁建以及修缮后的所有支出；做好在建工程按照估计价值转固定资产相关会计处理，以及在竣工决算后，依据实际成本确认固定资产和水利基础设施价值的账务处理。

项目建设单位应按照《政府会计准则第 10 号——政府和社会资本合作项目合同》的规定，做好政府和社会资本合作项目时 PPP 项目取得、项目运营期间和合同终止时的账务处理。

项目建设单位应按照《政府会计准则制度解释第 1 号》的规定，在水利建设项目竣工移交资产时，做好无偿调入（调出）的固定资产、无形资产、公共基础设施等资产的账务处理。

项目建设单位应按照《政府会计准则制度解释第 2 号》的规定，作为会计核算主体负责编报基本建设项目的预决算；对于建设项目按照规定实行代建制的，项目建设单位与代建单位应做好“代建制”模式下的双方会计账务处理，同时，代建单位应当配合建设单位做好项目会计核算和财务管理的基础工作。

（二）企业会计准则制度

企业会计准则制度主要包括《企业会计准则》《企业会计制度》等。企业会计准则制度规定企业性质的水利基本建设单位应当以权责发生制为基础进行会计确认、计量和报告，并向财务会计报告使用者提供与水利基本建设单位财务状况、经营成果和现金流量等有关的会计信息，反映单位管理层受托责任履行情况。

项目建设单位应按照《企业会计制度》《企业会计准则第3号——固定资产》等的规定设置相应会计科目核算在建水利基本建设项目达到预定可使用状态前所发生的必要支出构成，以便能够科学合理地核算与反映固定资产与水利基础设施的价值。

（三）国有建设单位会计制度

《国有建设单位会计制度》属于我国制定相对较早的、至今仍然有效执行的基本建设会计制度之一。该制度规定的适用范围为中华人民共和国境内的实行独立核算的国有建设单位，包括当年虽未安排基本建设投资，但有维护费拨款、基本建设结余资金和在建工程的停、缓建单位。同时，该制度还规定，凡是符合规定条件，并报主管财政机关审核批准，建设单位财务会计与生产企业财务会计已经合并的，不再执行本制度，应执行相应行业的企业会计制度。

使用《国有建设单位会计制度》的项目建设单位，在建设资金预算管理、资金使用拨付和相关科目设置、会计报表和决算等核算管理事项上，应依法与水利基本建设项目隶属的水行政主管部门调整对接。

本书的内容，以政府会计准则制度为主线重点介绍，简要兼顾了企业会计准则制度和《国有建设单位会计制度》相关要点。

第三节　会计核算的目标和任务

一、会计核算概念及要求

（一）概念

水利基本建设项目会计核算是针对项目建设单位对水利基本建设管理活动，以货币为主要计量单位，通过确认、计量、记录和报告等环节，对建设管理涉及的所有经济活动进行记账、算账和报账，为会计主体和会计报告使用者提供决策所需的会计信息。对水利基本建设项目来说，其会计主体为项目建设单位。

（二）会计核算信息质量要求

会计核算信息质量应满足下列要求：

（1）项目建设单位应当以实际发生的水利基本建设经济业务或者事项为依据进行会计核算，如实反映各项会计要素的情况和结果，保证会计信息真实可靠。

（2）项目建设单位应当将水利基本建设发生的各项经济业务或者事项统一纳入会计核算，确保会计信息能够全面反映项目建设单位预算执行情况和财务状况、运行情况、现金流量等。

（3）项目建设单位提供的会计信息，应当与反映项目建设单位受托责任履行情况以及报告使用者决策或者监督、管理的需要相关，有助于报告使用者对项目建设单位过去、现在或者未来的情况作出评价或者预测。

（4）项目建设单位对已经发生的水利基本建设经济业务或者事项，应当及时进行会计核算，不得提前或者延后。

（5）项目建设单位提供的会计信息应当具有可比性。同一项目建设单位不同时期发生的相同或者相似的水利基本建设经济业务或者事项，应当采用一致的会计政策，不得随意变更。确需变更的，应当将变更的内容、理由及其影响在附注中予以说明。

（6）项目建设单位提供的会计信息应当清晰明了，便于会计报告使用者理解和使用。

（7）项目建设单位应当按照水利基本建设经济业务或者事项的经济实质进行会计核算，不限于以经济业务或者事项的法律形式为依据。

二、会计核算目标

非经营性水利基本建设项目不以营利为目的，会计核算主体一般为事业性质的项目建设单位。会计核算目标是在保障建设资金安全和提高建设资金使用效益的基础上，向项目建设单位和会计报告使用者提供与水利基本建设资金的筹集、使用和资产形成等相关的真实、完整的预算会计信息和财务会计信息，反映项目建设单位财会部门预算执行情况和受托责任履行情况，为项目建设单位和会计报告使用者加强水利基本建设进行管理、预测和决策等活动提供服务。

三、会计核算基本任务

水利基本建设项目会计核算的任务是核算和监督水利基本建设资金运动的过程和结果，具体包括以下四个方面：

（1）依法依规设置会计账簿和会计科目。

（2）对水利基本建设项目的各项经济活动进行完整的、连续的、系统的核算和监督。主要包括：依据批准的预算筹集建设资金并进行核算，严格管理货币资金和往来款项并进行核算，加强工程建设物资管理并进行核算，依据财经法规和合同要求严格控制基本建设支出并进行核算，如实反映并核算基本建设收入。

（3）按规定组织竣工财务决算及其核算工作。

（4）按规定组织编制水利基本建设财务会计报告。

第二章　会 计 基 础 工 作

第一节　会计机构和会计人员

一、会计机构设置和人员配备

（一）机构设置

依据《中华人民共和国会计法》第三十六条规定，水利基本建设项目的项目法人应当根据会计业务的需要，设置会计机构，或者在有关机构中设置会计人员并指定会计主管人员；不具备设置条件的，应当委托经批准设立从事会计代理记账业务的中介机构代理记账。

项目建设单位属于独立核算的，应当设置独立的会计机构并配备相应的满足核算需要的会计人员。项目建设单位设置现场建设管理机构，并实行报账制的，应当指定项目会计主管人员并做好辅助核算（或备查账），辅助核算（或备查账）内容必须与项目核算单位账面相关数据一致。

项目建设单位是国有的和国有资产占控股地位或者主导地位的大、中型企业时，必须设置总会计师。总会计师的任职资格、任免程序、职责权限由国务院规定。

会计机构负责人、会计主管人员应当具备以下条件：①坚持原则，廉洁奉公；②具备会计师以上专业技术职务资格或者从事会计工作不少于三年；③熟悉国家财经法律、法规、规章和方针、政策，掌握本行业业务管理的有关知识；④应同时掌握水利基本建设会计核算业务及财务管理知识和技能；⑤有较强的组织能力。

（二）岗位设置与人员配备

项目建设单位应当根据会计业务需要设置会计工作岗位。会计工作岗位一般可分为：会计机构负责人或者会计主管人员、出纳、财产物资核算、工资核算、成本费用核算、财务成果核算、资金核算、往来结算、总账报表、稽核、档案管理等。承担多个水利基建项目的项目建设单位可以设置辅助账工作岗位。

会计工作岗位可以一人一岗、一人多岗或者一岗多人，但出纳人员不得兼管稽核、会计档案保管和收入、费用、债权债务账目的登记工作。辅助账会计人员可以按照项目任务的复杂程度一人负责一个项目的会计核算，也可以一人负责多个项目的会计核算。辅助账核算数据应按月、季、半年、年末与项目核算单位账面相关数据核对一致。

各岗位所配备的会计人员应当满足以下要求：①会计岗位上的会计人员应当具备必要的专业知识和专业技能，掌握水利建设财务管理和会计核算有关知识，熟悉国家有关法律、法规和财务会计制度，遵守职业道德；②会计人员应当按照国家有关规定参加会计业务的培训，各单位应当合理安排会计人员的培训，保证会计人员每年有一定时间用于学习和参加培训；③会计人员的任用应当实行回避制度。

二、职业道德

项目建设单位会计人员需要具备相应的会计职业道德，有利于正确贯彻国家有关政策法令，加强水利建设项目的管理，提高经济效益。应做到的职业道德规范如下：

（1）坚持诚信，守法奉公。牢固树立诚信理念，以诚立身、以信立业，严于律己、心存敬畏。学法知法守法，公私分明、克己奉公，树立良好职业形象，维护会计行业声誉。

（2）坚持准则，守责敬业。严格执行准则制度，保证会计信息真实完整。勤勉尽责、爱岗敬业，忠于职守、敢于斗争，自觉抵制会计造假行为，维护国家财经纪律和经济秩序。

（3）坚持学习，守正创新。始终秉持专业精神，勤于学习、锐意进取，持续提升会计专业能力。不断适应新形势新要求，与时俱进、开拓创新，努力推动会计事业高质量发展。

财政部门、业务主管部门和各单位应当定期检查会计人员遵守职业道德规范的情况，并作为会计人员晋升、晋级、聘任专业职务、表彰奖励的重要考核依据。会计人员违反职业道德规范的，由所在单位进行处理。

三、会计工作交接

（一）交接原则

项目建设单位会计人员因为临时离职、因病不能工作、工作调动等原因不能继续开展相关工作，需要办理相应的工作交接手续，将本人所经管的会计工作全部移交给接替人员；接替人员应当认真接管移交工作，并继续办理移交的未了事项，以保证会计工作的延续性。

（二）交接前工作

会计人员在办理移交手续前，必须及时做好以下相应工作：

（1）已经受理的经济业务尚未填制会计凭证的，应当填制完毕。

（2）尚未登记的账目，应当登记完毕，并在最后一笔余额后加盖经办人员印章。

（3）整理应该移交的各项资料，对未了事项写出书面材料。

（4）编制移交清册，列明应当移交的会计凭证、会计账簿、会计报表、印章、现金、有价证券、支票簿、发票、文件、其他会计资料和物品等内容；实行会计电算化的单位，从事该项工作的移交人员还应当在移交清册中列明会计软件及密码、会计软件数据磁盘（磁带等）及有关资料、实物等内容。

（三）交接内容

移交人员在办理移交时，要按移交清册逐项移交，接替人员要逐项核对点收。重要包括下列内容：

（1）现金、有价证券要根据会计账簿有关记录进行点交。库存现金、有价证券必须与会计账簿记录保持一致。不一致时，移交人员必须限期查清。

（2）会计凭证、会计账簿、会计报表和其他会计资料必须完整无缺。如有短缺，必须查清原因，并在移交清册中注明，由移交人员负责。

（3）银行存款账户余额要与银行对账单核对，如不一致，应当编制银行存款余额调节表调节相符，各种财产物资和债权债务的明细账户余额要与总账有关账户余额核对相符；必要时，要抽查个别账户的余额，与实物核对相符，或者与往来单位、个人核对清楚。

（4）移交人员经管的票据、印章和其他实物等，必须交接清楚；移交人员从事会计电算化工作的，要对有关电子数据在实际操作状态下进行交接。移交人员对所移交的会计凭证、会计账簿、会计报表和其他有关资料的合法性、真实性承担法律责任。

（5）会计机构负责人、会计主管人员移交时，还必须将全部财务会计工作、重大财务收支和会计人员的情况等，向接替人员详细介绍。对需要移交的遗留问题，应当提供书面材料。

（四）账簿连续性

接替人员应当继续使用移交的会计账簿，不得自行另立新账，以保持会计记录的连续性。

（五）交接手续备查

交接完毕后，交接双方和监交人员要在移交注册上签名或者盖章，并应在移交注册上注明：单位名称，交接日期，交接双方和监交人员的职务、姓名，移交清册页数以及需要说明的问题和意见等。移交清册一般应当填制一式三份，交接双方各执一份，存档一份。

（六）交接监督

会计人员办理交接手续，必须有监交人负责监督移交。一般会计人员交接，由单位会计机构负责人、会计主管人员负责监交；会计机构负责人、会计主管人员交接，由单位领导人负责监交，必要时可由上级主管部门派人会同监交。

（七）其他交接要求

（1）会计人员临时离职或者因病不能工作且需要接替或者代理的，会计机构负责人、会计主管人员或者单位领导人必须指定有关人员接替或者代理，并办理交接手续。临时离职或者因病不能工作的会计人员恢复工作的，应当与接替或者代理人员办理交接手续。移交人员因病或者其他特殊原因不能亲自办理移交的，经单位领导人批准，可由移交人员委托他人代办移交。

（2）项目建设单位撤销时，撤销该项目建设单位的主管部门，应指定有关机构承接相关责任。

第二节　会计核算要求

一、会计核算的一般要求

项目建设单位应当按照相关法律法规、会计准则制度的要求建立会计账册，对水利基本建设项目建设过程中实际发生的经济业务按照规定的会计处理方法进行确认、计量、记录与报告，保证所提供的会计信息满足可靠性、相关性、可理解性、可比性、实质重于形式、重要性、谨慎性以及及时性等信息质量要求。

（一）会计核算事项

项目建设单位发生的下列事项，应当及时办理会计手续、进行会计核算：

（1）收到基本建设项目的资金。

（2）货币资金与往来款的发生和结算。

（3）工程物资的增加与减少。

（4）基本建设支出与收入的计算。

（5）竣工财务决算。

（6）其他需要办理会计手续、进行会计核算的事项。

（二）会计年度及记账本位币

水利基本建设项目会计年度自公历1月1日起至12月31日止，会计核算以人民币为记账本位币。

（三）会计资料合规要求

项目建设单位会计核算过程中涉及的会计凭证、会计账簿、会计报表和其他会计资料的内容和要求必须符合国家统一会计制度的规定，不得伪造、变造会计凭证和会计账簿，不得设置账外账，不得报送虚假会计报表。对外报送的会计报表格式可在财政部统一规定下，结合实际具体规定。实行会计电算化的单位，对使用的会计软件及其生成的会计凭证、会计账簿、会计报表和其他会计资料的要求，应当符合财政部关于会计电算化的有关规定。

（四）会计档案管理

项目建设单位的会计凭证、会计账簿、会计报表和其他会计资料，应当建立档案，妥善保管。会计档案建档要求、保管期限、销毁办法等依据《会计档案管理办法》的规定进行。实行会计电算化的单位，有关电子数据、会计软件资料等应当作为会计档案进行管理。

二、会计凭证

会计凭证是记录经济业务、明确经济责任，并据以登记账簿的书面证明。会计凭证分为原始凭证和记账凭证。

（一）原始凭证

原始凭证又称“单据”，是在经济业务发生或完成时取得的，用以证明经济业务已经发生或完成的最初书面证明文件，是会计核算的原始资料，是编制记账凭证的依据。原始凭证按取得来源，分为自制原始凭证、外来原始凭证（含移动支付凭证及电子发票等）。项目建设单位在进行原始凭证填制和审核注意事项见表2-1和表2-2。

实际工作中单位（预算单位）账、基本建设项目辅助账，对原始凭证原件均有各自的要求，若一笔经济业务仅有一张原始凭证原件时，一方持有原件，则另一方持复印件，但必须注明原件保存的会计账簿，并履行相关审签手续。

一张原始凭证所列支出需要几个单位共同负担的，应当将其他单位负担的部分，开给对方原始凭证分割单，进行结算。原始凭证分割单必须具备原始凭证的基本内容：凭证名称、填制凭证日期、填制凭证单位名称或者填制人姓名、经办人的签名或者盖章、接受凭证单位名称、经济业务内容、数量、单价、金额和费用分摊情况等。

原始凭证不得外借，其他单位如因特殊原因需要使用原始凭证时，经本单位会计机构负责人、会计主管人员批准，可以复印。向外单位提供的原始凭证复印件，应当在专设的登记簿上登记，并由提供人员和收取人员共同签名或者盖章。

表 2-1 自制原始凭证的填制和审核注意事项

主要内容	注意事项
填制内容	凭证的名称
	填制凭证日期
	填制凭证单位名称或者填制人姓名
	接收凭证单位名称
	经办人员签名或盖章
	经济业务内容
	数量、单价、金额
	对外开出的自制原始凭证，必须加盖本单位公章
审核	是否按国家规定和概算内容、计划使用
	是否多计或少计成本、费用
	是否按规定程序和标准计提或摊销
	批量用品购置是否与实际相符
	费用的发生是否合理
不予受理凭证	没有经办人员签名或盖章
	摘要填写不清楚、不详细或与实际不符
	凭证联次不符
	凭证有涂改；金额、数量计算不正确
	数量、金额不符，大、小写不符
	成批用品购置无验收证明
	涂改、挖补的原始凭证
	不符合开支范围和开支标准

表 2-2 外来原始凭证的填制和审核注意事项

主要内容	注意事项
填制内容	凭证的名称
	填制凭证的日期
	填制单位公章、填制人员姓名或盖章
	经办单位名称
	经办人员签名或盖章
	经济业务内容
	数量、单价、金额
	支付款项的原始凭证，必须有收款单位和收款人的收款证明
审核	是否按国家规定和概算内容、计划使用
	是否多计或少计成本、费用
	是否按规定的渠道、标准、比例计提或摊销费用
	物资（含办公用品、劳保用品）是否属实、是否虚报冒领
	费用的发生是否合理、支付手续是否合规（移动支付、公务卡支付手续等）
不予受理凭证	没有经办人员签字或盖章
	摘要填写不清楚、不详细或与实际不符
	凭证联次不符
	凭证有涂改；金额、数量计算不正确
	凭证所列经济业务不符合开支范围、开支标准
	无收款单位公章的、内容与取得的票据性质不相符的及不符合现金管理规定的大额现金支付

从外单位取得的原始凭证如有遗失，应当取得原开出单位盖有公章的证明，并注明原凭证的号码、金额和内容等，由经办单位会计机构负责人、会计主管人员和单位领导人批准后，才能代作原始凭证。如果确实无法取得证明的，如火车票、轮船票、飞机票等凭证，由当事人写出详细情况，由经办单位会计机构负责人、会计主管人员和单位领导人批准后，代作原始凭证。

（二）记账凭证

记账凭证是根据审核无误的原始凭证，按照账务核算要求，分类整理后编制的会计凭证，它是登记会计账簿、会计报表的依据。记账凭证可以分为收款凭证、付款凭证和转账凭证，也可以使用通用记账凭证。

编制记账凭证时，需要填写凭证的日期、凭证编号、经济业务摘要、会计科目、金额、所附原始凭证张数等内容，同时填制凭证人员、稽核人员、记账人员、会计机构负责人、会计主管人员需要在记账凭证的相应位置进行签名或者盖章。收款和付款记账凭证还应当由出纳人员签名或者盖章。实行会计电算化的单位，对于机制记账凭证，要认真审核，做到会计科目使用正确，数字准确无误。打印出的机制记账凭证要加盖制单人员、审核人员、记账人员及会计机构负责人、会计主管人员印章或者签字。

填制记账凭证时，应当对记账凭证按月（经济业务较少的可按年）进行连续编号。一笔经济业务需要填制两张以上记账凭证的，可以采用分数编号法编号。记账凭证可以根据一张原始凭证填制，或者根据若干张同类原始凭证汇总填制，也可以根据原始凭证汇总表填制。但是不得将不同类别和内容的原始凭证汇总填制在一张记账凭证上。结账和更正错误的记账凭证可以不附原始凭证，但必须经主管人员签字盖章；如果在填制记账凭证时发生错误，应当重新填制。如果一张原始凭证涉及多张记账凭证，可以把原始凭证附在一张主要的记账凭证后面，并在其他记账凭证上注明附有该原始凭证的记账凭证的编号或者附原始凭证复印件。

（三）会计凭证的归档

每月（年）终了，应将记账凭证连同所附原始凭证装订成册，加上封面，并在左上角装订处粘贴封签，由有关会计人员加盖骑缝印章，妥善保管。对于不便随同记账凭证一起装订的原始凭证，可以抽出单独保管，但是应在有关记账凭证上注明“附件另订”，同时在原始凭证封面上注明记账凭证日期、编号、种类，由保管人签章，年终随有关记账凭证一同归档。

各种经济合同、存储保证金收据以及涉外文件等重要原始凭证，应当另编目录，单独登记保管，并在有关的记账凭证和原始凭证上相互注明日期和编号。

三、会计账簿

会计账簿是以会计凭证为依据，由具有一定格式、互相联系的账页组成，用来序时地、分类地记录和反映各项经济业务的会计簿籍。设置和登记账簿是会计核算的中心环节。

（一）会计账簿的分类与设置

会计账簿按照用途可以分为日记账、分类账、备查账。

日记账又称序时账，是按照经济业务发生的先后顺序进行登记的账簿。现金和银行存款必须设置日记账。任何单位不得用银行对账单或者其他方法代替日记账。

分类账是对全部经济业务按照总分类账户和明细分类账户进行分类核算和登记的账簿。总分类账又称总账，是指按总分类账户开设账页的会计簿籍。总账反映会计要素的整体情况，是平衡账务、控制和核对各种明细账以及编制预算会计报表的主要依据。明细分类账简称明细账，是根据总分类科目设置，按所属二级科目或明细科目开设账户，用以分类登记某一类经济业务，提供比较详细的核算资料的账簿。水利基本建设项目成本费用明细账应该按照概算批复的内容和要求进行设置，便于办理竣工财务决算、便于资产交付管理。

备查账又称辅助账，是对某些在日记账和分类账等主要账簿中未能记录或记载不全的经济业务进行补充登记的账簿，是一种辅助性的账簿，它可以为经营管理者提供必要的参考资料。如：执行政府会计准则制度的项目建设单位如果承担大中型项目或同时承担多个项目，则需要根据概算批复的内容对成本费用设置多级明细分类核算，可按国家法规在政府会计制度主账下单独设置项目辅助账，辅助账的数据应按月、季、半年、年与项目核算单位账面相关数据核对一致。

会计账簿按外表形式可以分为订本式、活页式、卡片式。总账、现金日记账、银行存款日记账一般采用订本式；其他明细分类账一般采用活页式；固定资产、存货等实物资产一般采用卡片式。水利基建项目建设期间内按照批复的概算内容购置的固定资产、低值易耗品、批量的办公用品、劳保用品等，除按照国家规定会计核算外，同时应按照活页式或卡片式方式进行登记和保管。

会计账簿设置总体要求如下：

（1）依法设置会计账簿，会计账簿要真实完整。必须以实际发生的经济业务及证明该经济业务是合法的并经过审核的会计凭证为依据，并符合有关法律法规和国家统一的会计制度的规定。

（2）会计账簿体现严密，总账、明细账和辅助账之间密切联系，又分工明确，不重复和遗漏。

（3）会计账簿的设置尽量与项目概（预）算保持相对的口径一致，以便能方便、快捷地提供项目工程投资及费用支出等主要会计信息，为后期竣工财务决算的编制尽可能提供支撑。

（二）会计账簿的使用要求

会计账簿的使用以每一会计年度为限，但是财政总会计中按放款期限设置的财政周转金放款明细账可以跨年度使用。账簿启用时，应填写“经管人员一览表”和“账簿目录”，具体见表 2-3 和表 2-4，并将其附于账簿扉页。

表 2-3　　　　经管人员一览表

单位名称及盖章			
账簿名称			
账簿页数	从第　页起至第　页止共　页		
启用时间	年　月　日		
会计机构负责人		会计主管	
经管人员	经管日期　　移交日期		
接办人员	接管日期　　监交日期		

表 2-4　　　　账　簿　目　录

科目编号和名称	页号	科目编号和名称	页号

登记会计账簿的具体要求如下：①根据经审核的会计凭证登记；②应当将会计凭证日期、编号、业务内容摘要、金额和其他有关资料逐项记入账内，做到数字准确、摘要清楚、登记及时；③应按月结账，现金日记账和银行存款日记账必须逐日结出余额；④应在每个会计年度末，将本年度旧账更换为下年度新账。

（三）会计账簿的对账要求

各单位应当定期对会计账簿记录的有关数字与库存实物、货币资金、有价证券、往来单位或者个人等进行相互核对，保证账证相符、账账相符、账实相符。对账工作每年至少进行一次。

账证核对是指核对会计账簿记录与原始凭证、记账凭证的时间、凭证字号、内容、金额是否一致，记账方向是否相符。

账账核对是指核对不同会计账簿之间的账簿记录是否相符，包括：总账有关账户的余额核对、总账与明细账核对、总账与日记账核对、会计部门的财产物资明细账与财产物资保管和使用部门的有关明细账核对等。

账实核对是指核对会计账簿记录与财产等实有数额是否相符，包括：现金日记账账面余额与现金实际库存数相核对，银行存款日记账账面余额定期与银行对账单相核对，各种财物明细账账面余额与财物实存数额相核对，各种应收、应付款明细账账面余额与有关债务、债权单位或者个人核对等。

四、会计报告

（一）会计报告分类

会计报告是反映单位某一会计期间的事业成果、概预算执行等会计信息的文件。水利基本建设项目会计报告包括年度财务会计报告、竣工财务决算报告。

1. 年度财务会计报告

年度财务会计报告应当根据经过审核的会计账簿记录和有关资料编制，并符合国家统一的会计制度关于财务会计报告的编制要求、提供对象和提供期限的规定；年度财务会计报告由会计报表、会计报表附注和财务情况说明书组成，向不同的会计资料使用者提供的年度财务会计报告，其编制依据应当一致；年度财务会计报告应当由单位负责人和主管会计工作的负责人、会计机构负责人（会计主管人员）签名并盖章；设置总会计师的单位，还须由总会计师签名并盖章；单位负责人应当保证财务会计报告真实、完整。

2. 竣工财务决算报告

竣工财务决算报告应全面反映项目概预算及执行、支出及资产形成情况，包括项目从筹建到工程竣工验收的全部费用。工程类竣工财务决算报表主要包括 9 张表格，分别为：水利基本建设项目概况表、水利基本建设项目财务决算表及附表、水利基本建设项目投资分析表、水利基本建设项目尾工工程及预留费用表、水利基本建设项目待摊投资明细表、水利基本建设项目待摊投资分摊表、水利基本建设项目交付使用资产表、水利基本建设项目待核销基建支出表、水利基本建设项目转出投资表。

非工程类项目竣工财务决算报表应包括 5 张表格，分别为：水利基本建设项目基本情况表、水利基本建设项目财务决算表及附表、水利基本建设项目支出表、水利基本建设项目技术成果表、水利基本建设项目交付使用资产表。

（二）会计报告的编制要求

（1）会计报表数字必须真实、完整；报表中的数字运算必须准确；各报表之间的数字对应关系必须一致，报表附注及其说明应做到项目齐全，内容完整，说明清楚。

（2）会计报表之间、会计报表各项目之间，凡有对应关系的数字，应当相互一致。本期会计报表与上期会计报表之间有关的数字应当相互衔接。如果不同会计年度会计报表中各项目的内容和核算方法有变更的，应当在年度会计报表中加以说明。

（3）应当按照国家统一会计制度的规定认真编写会计报表附注及其说明，做到项目齐全，内容完整。

（4）会计报告应当按照国家规定的期限及时报送相关单位和部门。对外报送的财务报告，应当依次编写页码，加具封面，装订成册，加盖公章。封面上应当注明：单位名称，单位地址，财务报告所属年度、季度、月度，送出日期，并由单位领导人、总会计师、会计机构负责人、会计主管人员签名或者盖章。单位领导人对财务报告的合法性、真实性负法律责任。

（5）根据法律和国家有关规定应当对会计报告进行审计的，会计报告编制单位应当先行委托注册会计师进行审计，并将注册会计师出具的审计报告随同会计报告按照规定的期限报送有关部门。

（6）如果发现对外报送的会计报告有错误，应当及时办理更正手续。除更正本单位留存的会计报告外，并应同时通知接受会计报告的单位更正。错误较多的，应当重新编报。

五、账务处理程序

账务处理程序是指各种会计凭证和账簿之间的相互联系和登记程序。执行政府会计准则制度的项目建设单位大多采用科目汇总表的账务处理程序，如图2－1所示。

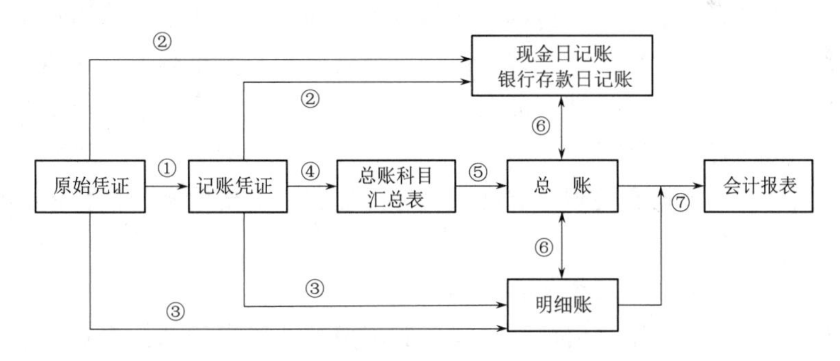

图2－1　科目汇总表账务处理程序

具体程序如下（序号与图2－1中编号对应）：

①根据原始凭证（或原始凭证汇总表）填制记账凭证；

②根据有关货币资金的记账凭证及原始凭证登记现金日记账和银行存款日记账；

③根据记账凭证及原始凭证登记各种明细账；

④根据记账凭证编制总账科目汇总表；

⑤根据总账科目汇总表登记总账；

⑥各种日记账、明细账同总账的有关账户进行核对；

⑦根据总账和明细账编制会计报表。

账务处理程序并不是固定不变的。项目建设单位可根据本身经济业务繁简、人员分工等情况确定账务处理程序中的某些具体问题。合理组织账务处理程序，不但可以使会计工作有条不紊地进行，而且可以提高会计工作效率，保证会计核算质量。

第三节 会 计 监 督

一、会计监督的总体要求和依据

会计监督是依法依规对项目建设单位建设期财务、会计活动全过程实施的监督，是财会监督的重要内容之一。近年来，会计监督作为党和国家监督体系的重要组成部分，在推进全面从严治党、维护中央政令畅通、规范财经秩序、促进经济社会健康发展等方面发挥了重要作用。

（一）会计监督的总体要求

（1）坚持党的领导，发挥政治优势。坚持加强党的全面领导和党中央集中统一领导，把党的领导落实到财会监督全过程各方面，确保党中央、国务院重大决策部署有效贯彻落实。

（2）坚持依法监督，强化法治思维。按照全面依法治国要求，健全财经领域法律法规和政策制度，加快补齐法治建设短板，依法依规开展监督，严格执法、严肃问责。

（3）坚持问题导向，分类精准施策。针对重点领域多发、高发、易发问题和突出矛盾，分类别、分阶段精准施策，强化对公权力运行的制约和监督，建立长效机制，提升监督效能。

（4）坚持协同联动，加强贯通协调。按照统筹协同、分级负责、上下联动的要求，健全财会监督体系，构建高效衔接、运转有序的工作机制，与其他各类监督有机贯通、相互协调，形成全方位、多层次、立体化的财会监督工作格局。

（二）会计监督的依据

项目建设单位应该根据有关规章制度进行会计监督，主要的会计监督依据如下：

（1）财经法律、法规、规章。

（2）会计法律、法规和国家统一会计制度。

（3）各省、自治区、直辖市财政厅（局）和国务院业务主管部门根据《中华人民共和国会计法》和国家统一会计制度制定的具体实施办法或者补充规定。

（4）各单位根据《中华人民共和国会计法》和国家统一会计制度制定的单位内部会计管理制度。

（5）各单位内部的预算、财务计划、经济计划、业务计划等。

二、会计监督的具体内容

项目建设单位的会计机构和会计人员应依照法律和国家有关规定接受财政、审计、税务等机关的监督，如实提供会计凭证、会计账簿、会计报表和其他会计资料以及有关情况，不得拒绝、隐匿、谎报。按照法律规定应当委托注册会计师进行审计的单位，应当委托注册会计师进行审计，并配合注册会计师的工作，如实提供会计凭证、会计账簿、会计报表和其他会计资料以及有关情况，不得拒绝、隐匿、谎报，不得示意注册会计师出具不当的审计报告。

会计机构和会计人员对会计凭证、会计账簿、会计报表和其他会计资料以及有关情况开展会计监督的具体内容如下：

（1）对原始凭证进行审核和监督。对不真实、不合法的原始凭证，不予受理。对弄虚作假、严重违法的原始凭证，在不予受理的同时，应当予以扣留，并及时向单位领导人报告，请求查明原因，追究当事人的责任。对记载不准确、不完整的原始凭证，予以退回，要求经办人员更正、补充。

（2）对伪造、变造、故意毁灭会计账簿或者账外设账行为，应当制止和纠正；制止和纠正无效的，应当向上级主管单位报告，请求作出处理。

（3）当对实物、款项进行监督，督促建立并严格执行财产清查制度。发现账簿记录与实物、款项不符时，应当按照国家有关规定进行处理。超出会计机构、会计人员职权范围的，应当立即向本单位领导报告，请求查明原因，作出处理。

（4）对指使、强令编造、篡改财务报告行为，应当制止和纠正；制止和纠正无效的，应当向上级主管单位报告，请求处理。

（5）对财务收支进行监督。对审批手续不全的财务收支，应当退回，要求补充、更正。对违反规定不纳入单位统一会计核算的财务收支，应当制止和纠正。对违反国家统一的财政、财务、会计制度规定的财务收支，不予办理。对认为是违反国家统一的财政、财务、会计制度规定的财务收支，应当制止和纠正；制止和纠正无效的，应当向单位领导人提出书面意见请求处理。对违反国家统一的财政、财务、会计制度规定的财务收支，不予制止和纠正，又不向单位领导提出书面意见的，也应当承担责任。对严重违反国家利益和社会公众利益的财务收支，应当向主管单位或者财政、审计、税务机关报告。

（6）对违反单位内部会计管理制度的经济活动，应当制止和纠正；制止和纠正无效的，向单位领导人报告，请求处理。

（7）对单位制定的预算、财务计划、经济计划、业务计划的执行情况以及财务收支进行监督。

（8）必须依照法律和国家有关规定接受财政、审计、税务等机关的监督，如实提供会计凭证、会计账簿、会计报表和其他会计资料以及有关情况，不得拒绝、隐匿、谎报。

（9）按照法律规定应当委托注册会计师进行审计的单位，应当委托注册会计师进行审计，并配合注册会计师的工作，如实提供会计凭证、会计账簿、会计报表和其他会计资料以及有关情况，不得拒绝、隐匿、谎报，不得示意注册会计师出具不当的审计报告。

第四节 内部会计管理制度

一、内部会计管理制度设置原则

项目建设单位应建立内部会计管理体系以保障会计核算工作的有序开展。在明确了项目建设单位内部管理体系的基础上，应当构建相应的内部会计管理制度。设置内部会计管理制度应当遵循以下原则：

（1）应当执行法律、法规和国家统一的财务会计制度。

（2）应当体现建设项目的特点和要求。

（3）应当全面规范各项会计工作，建立健全会计基础，保证会计工作的有序进行。

（4）应当科学、合理，便于操作和执行。

（5）应当定期检查执行情况。

（6）应当根据建设项目管理需要和执行中的问题不断完善。

二、内部会计管理制度内容

内部会计管理制度包括岗位责任制度、账务处理程序制度、内部牵制制度、稽核制度、原始记录管理制度、财产清查制度、财务收支审批制度、合同管理及工程价款结算制度、成本核算制度、“三重一大”集体决策制度、政府采购制度等。

（一）岗位责任制度

岗位责任制度主要内容包括：会计人员的工作岗位设置；各会计工作岗位的职责和标准；各会计工作岗位的人员和具体分工；会计工作岗位轮换办法；对各会计工作岗位的考核办法。

（二）账务处理程序制度

账务处理程序制度主要内容包括：会计科目及其明细科目的设置和使用；会计凭证的格式、审核要求和传递程序；会计核算方法；会计账簿的设置；编制会计报表的种类和要求；单位会计指标体系。

（三）内部牵制制度

内部牵制制度主要内容包括：内部牵制制度的原则；组织分工；出纳岗位的职责和限制条件；有关岗位的职责和权限。

（四）稽核制度

稽核制度主要内容包括：稽核工作的组织形式和具体分工；稽核工作的职责、权限；审核会计凭证和复核会计账簿、会计报表的方法。

（五）原始记录管理制度

原始记录管理制度主要内容包括：原始记录的内容和填制方法；原始记录的格式；原始记录的审核；原始记录填制人的责任；原始记录签署、传递、汇集要求。

（六）财产清查制度

财产清查制度主要内容包括：财产清查的范围；财产清查的组织；财产清查的期限和方法；对财产清查中发现问题的处理办法；对财产管理人员的奖惩办法。

（七）财务收支审批制度

财务收支审批制度主要内容包括：财务收支审批人员和审批权限；财务收支审批程序；财务收支审批人员的责任。

（八）合同管理及工程价款结算制度

合同管理及工程价款结算制度主要内容包括：合同分类及相关部门（岗位）职责；合同订立审签程序；合同执行相关部门（岗位）相互牵制；合同收款（清算）责任和程序；

合同付款（清算）审批程序；大额合同价款结算的特殊规定等。

（九）成本核算制度

成本核算制度主要内容包括：成本核算的对象；成本核算的方法和程序；成本分析等。

（十）“三重一大”集体决策制度

“三重一大”集体决策制度是将重大决策、重要人事任免、重大项目安排和大额度资金运作的事项由领导班子集体决定的制度，主要包括议事规则、标准、决策规则和程序等。水利建设单位应当根据建设项目和本单位的特点，通过制订“三重一大”具体制度健全议事规则，明确“三重一大”事项的标准、决策规则和程序，完善群众参与、专家咨询和集体决策相结合的决策机制。

（十一）政府采购制度

政府采购制度包括公开招标、邀请招标、竞争性谈判、单一来源采购、询价、国务院政府采购监督管理部门认定的其他采购方式等。

第五节　会计档案管理

一、会计档案

（一）会计档案概念

会计档案是指各单位在进行会计核算等过程中接收或形成的，记录和反映单位经济业务事项的，具有保存价值的文字、图表等各种形式的会计资料，包括通过计算机等电子设备形成、传输和存储的电子会计档案。

（二）会计档案归档范围

会计档案具体包括会计凭证、会计账簿、财务会计报告以及其他会计资料进行归档。会计凭证包括原始凭证、记账凭证；会计账簿包括总账、明细账、日记账、固定资产卡片及其他辅助性账簿；财务会计报告包括月度、季度、半年度、年度财务会计报告、竣工财务决算报告；其他会计资料包括银行存款余额调节表、银行对账单、纳税申报表、会计档案移交清册、会计档案保管清册、会计档案销毁清册、会计档案鉴定意见书及其他具有保存价值的会计资料。

二、会计档案管理要求

（一）依据和原则

项目建设单位应当遵循《会计档案管理办法》《财政部　国家档案局关于规范电子会计凭证报销入账归档的通知》等相关规定开展会计档案管理工作。

项目建设单位应当建立和完善会计档案的收集、整理、保管、利用和鉴定销毁等管理制度，采取可靠的安全防护技术和措施，保证会计档案的真实、完整、可用、安全。单位的档案机构或者档案工作人员所属机构负责管理本单位的会计档案。单位也可以委托具备档案管理条件的机构代为管理会计档案。单位的会计机构或会计人员所属机构按照归档范围和归档要求，负责定期将应当归档的会计资料整理立卷，编制会计档案保管清册。

（二）具体管理要求

具体的会计档案管理要求如下：

（1）当年形成的会计档案，在会计年度终了后，可由单位会计管理机构临时保管1年，但保管会计档案最长不超过3年。临时保管期间，会计档案的保管应当符合国家档案管理的有关规定，且出纳人员不得兼管会计档案。

（2）会计档案的保管期限分为永久、定期两类。定期保管期限一般分为10年和30年。会计档案的保管期限，从会计年度终了后的第一天算起。

（3）单位会计管理机构在办理会计档案移交时，应当编制会计档案移交清册，并按照国家档案管理的有关规定办理移交手续。纸质会计档案移交时应当保持原卷的封装。电子会计档案移交时应当将电子会计档案及其元数据一并移交，且文件格式应当符合国家档案管理的有关规定。特殊格式的电子会计档案应当与其读取平台一并移交。单位档案管理机构接收电子会计档案时，应当对电子会计档案的准确性、完整性、可用性、安全性进行检测，确保所接收电子会计档案的准确、完整、可用和安全，符合要求的才能接收。

（4）单位应当严格按照相关制度利用会计档案，在进行会计档案查阅、复制、借出时履行登记手续，严禁篡改和损坏。单位保存的会计档案一般不得对外借出。确因工作需要且根据国家有关规定必须借出的，应当严格按照规定办理相关手续。会计档案借用单位应当妥善保管和利用借入的会计档案，确保借入会计档案的安全完整，并在规定时间内归还。

（5）单位应当定期对已到保管期限的会计档案进行鉴定，并形成会计档案鉴定意见书。经鉴定，仍需继续保存的会计档案，应当重新划定保管期限；对保管期满，确无保存价值的会计档案，可以销毁；经鉴定可以销毁的会计档案，应当严格按照规定的程序和步骤销毁。

（6）保管期满但未结清的债权债务的会计凭证和涉及其他未了事项的会计凭证不得销毁，纸质会计档案应当单独抽出立卷，电子会计档案单独转存，保管到未了事项完结时为止。

（7）单独抽出立卷或转存的会计档案，应当在会计档案鉴定意见书、会计档案销毁清册和会计档案保管清册中列明。

（8）单位因撤销、解散、破产或其他原因而终止的，在终止或办理注销登记手续之前形成的会计档案，按照国家档案管理的有关规定处置。

（9）建设单位在项目建设期间形成的会计档案，需要移交给建设项目接受单位的，应当在办理竣工财务决算后及时移交，并按照规定办理交接手续。

第六节　会计基础工作案例

一、项目基本情况

H省A水库工程主要以防洪为主，结合供水、灌溉，兼顾发电等综合利用。该项目为非经营性项目。

该工程主要建设内容为：黏土心墙砂砾石坝、混凝土重力坝、副坝（1号、2号、3号、4号土坝）、电站、南灌溉洞、北灌溉洞、交通工程、水土保持工程、生态基流放水设施等土建以及相应的金结机电制安和安全监测设施等。

工程总投资 9,869,600,000 元，其中，中央资金 5,038,400,000 元、地方资金 4,383,780,000 元（省级资金 3,183,780,000 元，市级资金 1,200,000,000 元）、银行贷款 447,420,000 元。

二、建设单位成立情况

2018 年 7 月，成立了“H 省 A 水库建设运行中心”（以下简称“A 水库建设运行中心”），该单位是建管一体的二级预算管理事业单位，主管部门为省级水行政主管部门，执行政府会计准则制度。该单位根据相关政策制度要求设置了财务机构，配置了财务人员。

三、项目可研与初设文件批复

2018 年 6 月，批复了《H 省 A 水库工程可行性研究报告》。

2018 年 9 月，批复了《H 省 A 水库工程初步设计报告》，报告核定 A 水库工程总投资 9,869,600,000 元。其中中央投资 5,038,400,000 元、省级投资 3,183,780,000 元、市级投资 1,200,000,000 元、银行贷款 447,420,000 元。

四、项目建设及投资完成情况

2019 年 1 月，主体工程开工建设。2022 年 11 月，工程建设完成。2022 年 12 月 31 日为竣工财务决算基准日，由 A 水库建设运行中心编制竣工财务决算。2023 年 1 月，第三方审计机构对 A 水库进行了竣工决算审计。2023 年 3 月，上级主管部门组织竣工验收。

该项目实际完成投资 9,865,808,668.55 元，详细见表 2－5。项目交付 A 水库建设运行中心资产价值 9,842,613,728.48 元，其中，公共基础设施 8,903,306,473.13 元、固定资产 939,182,075.34 元、流动资产 125,180.00 元。项目交付交通运输部门进场道路 23,194,940.07 元，为产权不归属 A 水库建设运行中心的专用设施。

表 2－5　　A 水库实际完成投资情况　　单位：元

一级科目	二级科目	三级科目	金额
在建工程	建筑安装工程投资	建筑工程	1,095,895,428.08
		安装工程	10,350,233.14
	设备投资		75,932,967.99
	待摊投资		8,659,557,517.09
	其他投资		877,582.18
	基建转出投资		23,194,940.07

五、会计机构设置及人员配备

A 水库建设运行中心内设财务科。财务科配备专职会计人员 3 名，具体实施会计核算和财务管理工作。1 名会计人员具有高级会计师职称资格，担任科长，是财务负责人；1 名会计人员具有中级会计师职称资格，负责成本费用核算、财务成果核算、资金核算、往来结算、总账报表、稽核等工作；1 名会计人员担任出纳。

六、会计账簿设置

A 水库建设运行中心设置了总分类账、现金日记账、银行存款日记账、往来明细账

（包括预付账款、应付账款、其他应收款、其他应付款等）、在建工程明细账（包括建筑安装工程投资、设备投资、待摊投资、其他投资等）等。其中，总分类账、现金日记账和银行存款日记账采用订本式三栏账，往来明细账设置三栏式明细账，“在建工程”的二级明细科目“建筑安装工程投资”“设备投资”“待摊投资”“其他投资”“待核销基建支出”“基建转出投资”等按照项目的概算划分进行明细核算，设置三栏式或多栏式明细账。

在总账与明细账核算之外，还设置了部门、单位往来和项目等辅助核算。根据内部管理需要设置了投标保函、预付款保函、履约保函、合同管理等辅助备查台账。根据资产购置情况，设置资产物品使用及保管台账。

具体的会计账簿的封面、扉页以及账页见表2-6～表2-15。

1. 总分类账

表2-6　　总分类账封面

H省A水库建设运行中心
2019年度总分类账
自　　年　月　日起至　　年　月　日止
卷内张　　保管期限　年　卷号

表2-7　　账簿启用表

<table>
<tr><td colspan="2">单位名称</td><td colspan="8">H省A水库建设运行中心</td><td>单位公章</td></tr>
<tr><td colspan="2">账簿名称</td><td colspan="8">总分类账</td><td rowspan="4"></td></tr>
<tr><td colspan="2">账簿编号</td><td colspan="8">字第　号第　册共　册</td></tr>
<tr><td colspan="2">账簿页数</td><td colspan="8">本账簿共计　页</td></tr>
<tr><td colspan="2">启用日期</td><td colspan="8"></td></tr>
<tr><td colspan="2">经管人员</td><td colspan="3">接　管</td><td colspan="3">移　交</td><td colspan="2">会计负责人</td><td>印花税票粘贴处</td></tr>
<tr><td>姓名</td><td>盖章</td><td>年</td><td>月</td><td>日</td><td>年</td><td>月</td><td>日</td><td>姓名</td><td>盖章</td><td rowspan="5"></td></tr>
<tr><td></td><td></td><td></td><td></td><td></td><td></td><td></td><td></td><td></td><td></td></tr>
<tr><td></td><td></td><td></td><td></td><td></td><td></td><td></td><td></td><td></td><td></td></tr>
<tr><td></td><td></td><td></td><td></td><td></td><td></td><td></td><td></td><td></td><td></td></tr>
<tr><td></td><td></td><td></td><td></td><td></td><td></td><td></td><td></td><td></td><td></td></tr>
</table>

表2-8　　账户目录

顺序号	科目编码	科目名称	页号	顺序号	科目编码	科目名称	页号

表 2-9　　科目余额表

单位：H省A水库建设运行中心　　年　月—　月　　单位：元

科目代码	科目名称	期初借方	期初贷方	本期借方	本期贷方	期末借方	期末贷方	累计借方	累计贷方

2. 三栏式明细账

表 2-10　　明细账封面

H省A水库建设运行中心

2019年度往来明细账

（预付账款）
（其他应收款）
（其他应付款）

自　年　月　日　起至　年　月　日止

卷内张　保管期限　年　卷号

表 2-11　　账簿启用表

<table>
<tr><td>单位名称</td><td colspan="8">H省A水库建设运行中心</td><td>单位公章</td></tr>
<tr><td>账簿名称</td><td colspan="8">往来明细账</td><td rowspan="4"></td></tr>
<tr><td>账簿编号</td><td colspan="8">字第　号第　册共　册</td></tr>
<tr><td>账簿页数</td><td colspan="8">本账簿共计　页</td></tr>
<tr><td>启用日期</td><td colspan="8"></td></tr>
<tr><td colspan="2">经管人员</td><td colspan="3">接　管</td><td colspan="3">移　交</td><td colspan="2">会计负责人</td><td>印花税票粘贴处</td></tr>
<tr><td>姓名</td><td>盖章</td><td>年</td><td>月</td><td>日</td><td>年</td><td>月</td><td>日</td><td>姓名</td><td>盖章</td><td rowspan="5"></td></tr>
<tr><td></td><td></td><td></td><td></td><td></td><td></td><td></td><td></td><td></td><td></td></tr>
<tr><td></td><td></td><td></td><td></td><td></td><td></td><td></td><td></td><td></td><td></td></tr>
<tr><td></td><td></td><td></td><td></td><td></td><td></td><td></td><td></td><td></td><td></td></tr>
<tr><td></td><td></td><td></td><td></td><td></td><td></td><td></td><td></td><td></td><td></td></tr>
</table>

表 2－12　　科目明细账

科目：　　　　　　第　页　共　页

2019 年		凭证号	摘要	借方	贷方	方向	余额
月	日						

核算单位：H 省 A 水库建设运行中心 政府会计账套

制表：

3. 多栏式明细账

表 2－13　　多栏式明细账封面

H 省 A 水库建设运行中心
2019 年度多栏账
（建筑安装工程投资） （设备投资） （待摊投资） （其他投资）
自　年　月　日起至　年　月　日止
卷内张　保管期限　年　卷号

表 2－14　　明细账账簿启用表

单位名称	H 省 A 水库建设运行中心									单位公章
账簿名称	多栏明细账									
账簿编号	字第　号第　册共　册									
账簿页数	本账簿共计　页									
启用日期										
经管人员	接　管			移　交			会计负责人			印花税票粘贴处
姓名	盖章	年	月	日	年	月	日	姓名	盖章	

表 2－15　　　　　　　　　　**科 目 多 栏 账**

科目：　　　　　　　　　　　　　　　　　　　　　　　第　页　共　页

2019 年		凭证号	摘要	借方			
月	日			合计			

核算单位：H 省 A 水库建设运行中心 政府会计账套

制表：

七、银行账户设置

开设银行基本账户，通过银行存款来进行核算，主要核算市级配套资金、银行贷款、其他零星资金等。

八、资金支付

中央和省级资金实行中央财政预算管理一体化支付，市级配套资金、贷款以实拨资金支付。

第七节　常见问题与重点关注

一、常见问题

（一）会计人员变动未办理交接手续

某水利基本建设项目从 2×17 年度开工到 2×20 年度，项目建设单位的会计核算工作经历了 3 次会计人员变动，前两次会计人员变动时均未办理交接手续。

不符合《会计基础工作规范》第二十五条“会计人员工作调动或者因故离职，必须将本人所经管的会计工作全部移交给接替人员。没有办清交接手续的，不得调动或者离职”的规定。

（二）会计凭证填制不规范

某项目建设单位记账凭证页面的填制凭证人员、稽核人员、记账人员、会计机构负责人和会计主管人员均未签名或盖章。

不符合《会计基础工作规范》第五十一条“记账凭证的内容必须具备：填制凭证的日期；凭证编号；经济业务摘要；会计科目；金额；所附原始凭证张数；填制凭证人员、稽核人员、记账人员、会计机构负责人、会计主管人员签名或者盖章。收款和付款记账凭证还应当由出纳人员签名或者盖章”的规定。

（三）财产清查制度不规范

某项目建设单位在建设项目工程实施期间购置了 73.3 万元的固定资产，未对购置的资产建立明细分类账、未建立领用保管台账、未定期对资产进行盘点清理。

不符合《会计基础工作规范》第九十三条“各单位应当建立财产清查制度。主要内容包括：财产清查的范围；财产清查的组织；财产清查的期限和方法；对财产清查中发现问题的处理办法；对财产管理人员的奖惩办法”的规定。

（四）会计档案未及时归档

某项目建设单位的2×19年至2×21年会计账簿，连续三年没有按年度结转并分设会计账簿。

不符合《会计基础工作规范》第三十九条“会计年度自公历1月1日起至12月31日止”以及第六十三条“（三）年度终了，要把各账户的余额结转到下一会计年度，并在摘要栏注明‘结转下年’字样；在下一会计年度新建有关会计账簿的第一行余额栏内填写上年结转的余额，并在摘要栏注明‘上年结转’字样”的规定。

二、重点关注

（1）出纳人员不得兼管稽核、会计档案保管和收入、费用、债权债务账目的登记工作。

（2）自制原始凭证（如调账、更正、计提、待摊、结转等）由会计人员填制，但必须经主管人员签字或盖章后才能作记账凭证。

（3）提取现金的支票存根、银行手续费单据、电子票据回单、自动扣费的电话费等费用单据、网银支付的原始凭证单据必须有经办人、审核人签名或盖章附在记账凭证中。

（4）项目建设单位从外单位取得的发票、收据必须是经过财政、税务部门认可的正规发票、收据，不得收取白条收据；项目建设单位从外部取得的发票抬头的单位名称应该与项目名称一致，不一致的不得在该项目报销。

（5）单位制定的内部控制制度不健全、可操作性不强。

第三章　会计账簿与会计科目设置

第一节　会 计 账 簿 设 置

项目建设单位设置会计账簿是进行会计核算的基础工作，是编制竣工财务决算的起始环节，设置账簿要充分考虑项目的类型和特点，科学合理设置会计账簿，以利于成本费用的归集和编制项目的竣工财务决算。

一、会计账簿设置依据

项目建设单位应遵循《政府会计制度——行政事业单位会计科目和报表》《基本建设财务规则》《基本建设项目建设成本管理规定》以及批复的初步设计概算等设置会计账簿。

二、会计账簿类型

按照政府会计制度改革要求，水利基本建设项目不再单独建账，按项目单独辅助核算，并保证项目资料完整，保证会计信息质量。

总账、明细账以及备查账的设置应该适应水利基本建设项目资金运动的特点，满足基本建设管理和核算的需要。会计账簿具体设置要求如下：

（1）总账按一级科目设置，一般采用三栏明细账。

（2）明细账按二级科目或最末级科目设置，可采用三栏明细账或多栏明细账。

现金日记账和银行存款日记账分别按现金种类和开户行或资金来源设置明细账，同时可以考虑按项目设置辅助核算。

应付、预付、其他应收款等依据往来客户（往来单位、个人）设置明细账，同时可以考虑按项目设置辅助核算。

在建工程及下级科目设置明细账，并按项目设置辅助核算。

（3）辅助核算。在完成一般的总账、明细账核算之外，还可提供部门核算、承包单位往来核算（个人、客商往来核算）和项目核算等辅助核算。

建立人员、部门档案。体现不同的部门管理不同的项目，为了归集不同部门的费用支出，可以设置部门辅助核算。

建立承包单位档案。可以根据需要对承包单位进行分类，如施工承包商、设备设施供应商、移民实施机构等。体现不同的项目、不同承包单位之间的结算、往来等。

建立项目档案。一个单位核算多个项目，或根据管理的需要将一个大型项目分为不同的单元、标段管理来进行成本控制和费用归集。

建立合同档案。对水利基本建设项目的各类合同设置档案，体现不同合同的主要内容以及相应的成本费用。

（4）其他辅助性账簿可根据内部管理需要而设置：如投标保证金（保函）、预付款保证金（保函）、履约保证金（保函）、农民工工资保证金（保函）等辅助账等。设置“应收应付保证金（保函）备查簿”，逐笔登记各类保证金（保函）的种类、号数、出票日、金额、交易合同号、付款人的姓名或单位名称、到期日收款日、收回金额和退票情况等资料。到期结清票款或退票后，在备查簿中应予注销。

第二节 会计科目设置

一、会计科目设置依据

项目建设单位应遵循《政府会计制度》《水利基本建设项目竣工财务决算编制规程》的相关要求设置与基本建设项目相关的明细科目或增加标记，或设置基建项目辅助账等方式，满足基本建设项目竣工决算报表编制的需要。其中，大型工程设置至概（预）算二级项目；中、小型工程应按概（预）算一级项目，便于进行概（预）算执行情况分析。

二、明细科目设置

项目建设单位需要按照《政府会计制度——行政事业单位会计科目和报表》以及补充规定，对基本建设项目进行会计核算、设置和使用会计科目。项目建设单位应当通过在有关会计科目下设置与基本建设项目相关的明细科目或增加标记，或设置基建项目辅助账等方式，满足基本建设项目竣工决算报表编制的需要。

财务会计科目一般包括资产类、负债类、净资产类、收入类和费用类会计要素的科目。财务会计明细科目设置需要满足项目竣工财务决算的编制要求，核算基本建设项目成本归集的明细科目与项目概算明细项目基本保持口径上的一致。

预算会计科目一般包括预算收入类、预算支出类和预算结余类会计要素的科目。预算会计明细科目需要按照预算管理要求，按预算收支功能科目、支出经济分类科目级次划分明细或辅助核算。

项目建设单位执行政府会计准则制度时，常使用的一级、二级、三级等明细科目见表3-1，工程概算与会计科目的对照情况见表3-2。为了保障能完整地反映水利基建项目的财务信息，可以根据需要设置项目辅助核算。

以在建工程、长期借款、财政拨款收入、非同级财政拨款收入、其他收入等为例来说明财务会计科目以及明细科目的设置。

（一）在建工程

“在建工程”科目应当设置“建筑安装工程投资”“设备投资”“待摊投资”“其他投资”“待核销基建支出”“基建转出投资”等二级明细科目。

“建筑安装工程投资”明细科目核算单位发生的构成建设项目实际支出的建筑工程和安装工程的实际成本，不包括被安装设备本身的价值以及按照合同规定支付给施工单位的预付备料款和预付工程款。本明细科目应当设置“建筑工程”和“安装工程”两个三级明细科目进行明细核算，并依据概算表的内容设置四级明细核算或项目辅助核算。

表 3-1　　政府会计制度——核算基本建设项目一般使用的会计科目

科目编码	科目名称				科目类型	现金分类	级次	科目方向	辅助核算
	一级科目	二级科目	三级科目	四级科目					
一、财务会计科目									
（一）资产类									
1001	库存现金				资产	现金科目	1	借方	现金流量项目
100101		非国库现金			资产	现金科目	2	借方	现金流量项目、项目档案
100102		国库现金			资产	现金科目	2	借方	现金流量项目、项目档案
1002	银行存款				资产	银行科目	1	借方	现金流量项目
100201		单位存款			资产	银行科目	2	借方	现金流量项目
10020101			××银行存款		资产	银行科目	3	借方	现金流量项目
10020102			××银行基建存款		资产	银行科目	3	借方	现金流量项目、项目档案
10020103			××银行保证金		资产	银行科目	3	借方	现金流量项目
1011	零余额账户用款额度				资产	银行科目	1	借方	现金流量项目，预算来源，功能分类
101102		项目支出			资产	银行科目	2	借方	现金流量项目，预算来源，部门，项目档案，功能分类
1201	财政应返还额度				资产	其他	1	借方	项目档案，功能分类
120101		财政直接支付			资产	其他	2	借方	项目档案，功能分类
12010102			项目支出		资产	其他	3	借方	项目档案，功能分类
120102		财政授权支付			资产	其他	2	借方	项目档案，功能分类
12010202			项目支出		资产	其他	3	借方	项目档案，功能分类
1214	预付账款				资产	其他	1	借方	客商
121402		预付基建项目款			资产	其他	2	借方	客商，项目档案
12140201			预付备料款		资产	其他	3	借方	客商，项目档案

续表

科目编码	科目名称				科目类型	现金分类	级次	科目方向	辅助核算
	一级科目	二级科目	三级科目	四级科目					
12140202			预付工程款		资产	其他	3	借方	客商，项目档案
12140299			其他预付款		资产	其他	3	借方	客商，项目档案
1218	其他应收款				资产	其他		借方	人员档案，部门
1601	固定资产				资产	其他	1	借方	
160101		房屋及构筑物			资产	其他	2	借方	
160102		专用设备			资产	其他	2	借方	
160103		通用设备			资产	其他	2	借方	
160104		文物和陈列品			资产	其他	2	借方	
160105		图书、档案			资产	其他	2	借方	
160106		家具、用具、装具及动植物			资产	其他	2	借方	
1602	固定资产累计折旧				资产	其他	1	贷方	
160201		房屋及构筑物			资产	其他	2	贷方	
160202		专用设备			资产	其他	2	贷方	
160203		通用设备			资产	其他	2	贷方	
160204		家具、用具、装具及动植物			资产	其他	2	贷方	
1611	工程物资				资产	其他	1	借方	
161101		库存材料			资产	其他	2	借方	
161102		库存设备			资产	其他	2	借方	
161103		其他工程物资			资产	其他	2	借方	
1613	在建工程				资产	其他	1	借方	项目档案

续表

科目编码	科目名称				科目类型	现金分类	级次	科目方向	辅助核算
	一级科目	二级科目	三级科目	四级科目					
161301		建筑安装工程投资			资产	其他	2	借方	项目档案，部门
16130101			建筑工程		资产	其他	3	借方	项目档案，部门，客商
16130102			安装工程		资产	其他	3	借方	项目档案，部门，客商
161302		设备投资			资产	其他	2	借方	项目档案
16130201			在安装设备		资产	其他	3	借方	项目档案，部门，客商
16130202			不需要安装设备		资产	其他	3	借方	项目档案，部门，客商
16130203			工具及器具		资产	其他	3	借方	项目档案
161303		待摊投资			资产	其他	2	借方	项目档案，工程待摊支出，客商，部门（可参考表3－3）
161304		其他投资			资产	其他	2	借方	项目档案
16130401			房屋购置		资产	其他	3	借方	项目档案
16130402			无形资产		资产	其他	3	借方	项目档案
16130403			办公生活用家具、器具购置		资产	其他	3	借方	项目档案
16130404			可行性研究固定资产购置		资产	其他	3	借方	项目档案
16130405			基本畜禽支出		资产	其他	3	借方	项目档案
16130406			林木支出		资产	其他	3	借方	项目档案
16130499			其他		资产	其他	3	借方	项目档案
161305		待核销基建支出			资产	其他	2	借方	项目档案
16130501			江河清障		资产	其他	3	借方	项目档案
16130502			航道清淤		资产	其他	3	借方	项目档案
16130503			飞播造林		资产	其他	3	借方	项目档案

续表

科目编码	科目名称				科目类型	现金分类	级次	科目方向	辅助核算
	一级科目	二级科目	三级科目	四级科目					
16130504			补助群众造林		资产	其他	3	借方	项目档案
16130505			水土保持		资产	其他	3	借方	项目档案
16130506			城市绿化		资产	其他	3	借方	项目档案
16130507			取消项目的可行性研究费		资产	其他	3	借方	项目档案
16130508			项目整体报废等不能形成资产部分的基建投资支出		资产	其他	3	借方	项目档案
161306		基建转出投资			资产	其他	2	借方	项目档案
16130601			专用道路			其他	3	借方	项目档案
16130602			专用通讯设施			其他	3	借方	项目档案
16130603			专用电力设施			其他	3	借方	项目档案
16130604			地下管道			其他	3	借方	项目档案
161307		待交付资产			资产	其他		借方	项目档案
1701	无形资产				资产	其他		借方	
170101		专利权			资产	其他		借方	
170102		非专利技术			资产	其他		借方	
170103		著作权			资产	其他		借方	
170104		商标权			资产	其他		借方	
170105		土地使用权			资产	其他		借方	
170106		软件			资产	其他		借方	
170199		其他			资产	其他		借方	
1702	无形资产累计摊销				资产	其他		贷方	

续表

科目编码	科目名称				科目类型	现金分类	级次	科目方向	辅助核算
	一级科目	二级科目	三级科目	四级科目					
170201		专利权			资产	其他		贷方	
170202		非专利技术			资产	其他		贷方	
170203		著作权			资产	其他		贷方	
170204		商标权			资产	其他		贷方	
170205		土地使用权			资产	其他		贷方	
170206		软件			资产	其他		贷方	
170299		其他			资产	其他		贷方	
1801	公共基础设施				资产	其他		借方	
180102		水利基础设施			资产	其他	2	借方	
18010201			防洪（潮）工程		资产	其他	3	借方	
1801020101				堤防	资产	其他	4	借方	名称（桩号）、堤防等级
1801020102				险工工程	资产	其他	4	借方	名称
1801020103				控导工程	资产	其他	4	借方	名称
1801020104				水闸	资产	其他	4	借方	名称、规模
1801020105				泵站	资产	其他	4	借方	名称、规模
18010202			治涝工程		资产	其他	3	借方	
1801020201				堤防	资产	其他	4	借方	名称（桩号）、堤防等级
1801020202				险工工程	资产	其他	4	借方	名称
1801020203				水闸	资产	其他	4	借方	名称、规模
1801020204				泵站	资产	其他	4	借方	名称、规模
1801020205				渠（管、隧）道	资产	其他	4	借方	名称（桩号）、规模
18010203			灌溉工程		资产	其他	3	借方	

续表

科目编码	科目名称				科目类型	现金分类	级次	科目方向	辅助核算
	一级科目	二级科目	三级科目	四级科目					
1801020301				渠首枢纽	资产	其他	4	借方	名称、所属灌区名称
1801020302				渠（管、隧）道	资产	其他	4	借方	名称（桩号）、规模、所属灌区名称
1801020303				泵站	资产	其他	4	借方	名称、规模、所属灌区名称
1801020304				水闸	资产	其他	4	借方	名称、规模、所属灌区名称
1801020305				其他渠系建筑物	资产	其他	4	借方	名称、所属灌区名称
1801020306				调蓄水库	资产	其他	4	借方	名称、规模、所属灌区名称
1801020307				塘坝	资产	其他	4	借方	名称、所属灌区名称
18010204			引调水工程		资产	其他	3	借方	
1801020401				渠首枢纽	资产	其他	4	借方	名称、所属引调水工程名称
1801020402				渠（管、隧）道	资产	其他	4	借方	名称（桩号）、规模、所属引调水工程名称
1801020403				泵站	资产	其他	4	借方	名称、规模、所属引调水工程名称
1801020404				水闸	资产	其他	4	借方	名称、规模、所属引调水工程名称
1801020405				其他渠系建筑物	资产	其他	4	借方	名称、所属引调水工程名称
1801020406				调蓄水库	资产	其他	4	借方	名称、规模、所属引调水工程名称
1801020407				地下取水设施	资产	其他	4	借方	名称、所属引调水工程名称
18010205			农村供水工程		资产	其他	3	借方	
1801020501				渠（管、隧）道	资产	其他	4	借方	名称（桩号）、规模
1801020502				泵站	资产	其他	4	借方	名称、规模
1801020503				塘坝	资产	其他	4	借方	名称
1801020504				地下取水设施	资产	其他	4	借方	名称
18010206			水力发电工程		资产	其他	3	借方	
1801020601				常规水电站	资产	其他	4	借方	名称、规模

续表

科目编码	科目名称				科目类型	现金分类	级次	科目方向	辅助核算
	一级科目	二级科目	三级科目	四级科目					
1801020602				抽水蓄能电站	资产	其他	4	借方	名称、规模
18010207			水土保持工程		资产	其他	3	借方	
1801020701				沟壑治理工程	资产	其他	4	借方	名称
18010208			水库工程		资产	其他	3	借方	
1801020801				山区水库	资产	其他	4	借方	名称、规模
1801020802				平原水库	资产	其他	4	借方	名称、规模
18010209			水文基础设施		资产	其他	3	借方	
1801020901				水文站	资产	其他	4	借方	名称
1801020902				水位站	资产	其他	4	借方	名称
1801020903				雨量站	资产	其他	4	借方	名称
1801020904				其他水文测站	资产	其他	4	借方	名称
1802	公共基础设施累计折旧（摊销）				资产	其他		贷方	
（二）负债类									
2001	短期借款				负债	其他	1	贷方	客商
2101	应交增值税				负债	其他	1	贷方	
2102	其他应交税费				负债	其他	1	贷方	
2302	应付账款				负债	其他	1	贷方	客商
230202		应付基建款			负债	其他	2	贷方	客商，项目档案
23020201			应付器材款		负债	其他	3	贷方	客商，项目档案
23020202			应付工程款		负债	其他	3	贷方	客商，项目档案
23020299			其他应付基建款		负债	其他	3	贷方	客商，项目档案

续表

科目编码	科目名称				科目类型	现金分类	级次	科目方向	辅助核算
	一级科目	二级科目	三级科目	四级科目					
2304	应付利息				负债	其他		贷方	客商
230401		短期借款			负债	其他		贷方	客商
230402		长期借款			负债	其他		贷方	客商
2307	其他应付款				负债	其他	1	贷方	客商
230703		基建项目保证金			负债	其他	2	贷方	项目档案，客商
230712		基建项目一其他			负债	其他	2	贷方	
2401	预提费用				负债	其他	1	贷方	
2501	长期借款				负债	其他	1	贷方	客商
250101		一年以上到期的借款本金			负债	其他	2	贷方	客商
250102		一年以内到期的借款本金			负债	其他	2	贷方	客商
250103		应计利息			负债	其他	2	贷方	客商
2502	长期应付款				负债	其他	1	贷方	客商
250201		一年以上到期的应付款			负债	其他	2	贷方	客商
250202		一年以内到期的应付款			负债	其他	2	贷方	客商
（三）净资产类									
3301	本期盈余				净资产	其他	1	贷方	
330101		财政补助盈余			净资产	其他	2	贷方	项目档案
330102		非财政补助盈余			净资产	其他	2	贷方	项目档案

续表

科目编码	科目名称				科目类型	现金分类	级次	科目方向	辅助核算
	一级科目	二级科目	三级科目	四级科目					
330104		财政项目盈余			净资产	其他	2	贷方	项目档案
3302	本年盈余分配				净资产	其他		贷方	
（四）收入类									
4001	财政拨款收入				收入	其他		贷方	资金种类，项目档案，功能分类
400102		项目支出拨款			收入	其他		贷方	资金种类，项目档案，功能分类
4601	非同级财政拨款收入				收入	其他		贷方	项目档案
460101		本级横向转拨财政款			收入	其他		贷方	项目档案
460102		非本级财政拨款			收入	其他		贷方	项目档案
4609	其他收入				收入	其他		贷方	项目档案
460901		现金盘盈收入			收入	其他		贷方	项目档案
460903		收回已核销的其他应收款			收入	其他		贷方	项目档案
460904		无法偿付的应付及预收款项			收入	其他		贷方	项目档案
460999		其他			收入	其他		贷方	项目档案
（五）费用类									
二、预算会计科目									
（一）预算收入类									
6001	财政拨款预算收入				预算收入	其他		贷方	资金种类，项目档案，功能分类
600102		项目支出			预算收入	其他		贷方	资金种类，项目档案，功能分类

续表

科目编码	科目名称				科目类型	现金分类	级次	科目方向	辅助核算
	一级科目	二级科目	三级科目	四级科目					
6609	其他预算收入				预算收入	其他		贷方	功能分类
660901		捐赠预算收入			预算收入	其他		贷方	功能分类
660902		利息预算收入			预算收入	其他		贷方	功能分类
660999		其他预算收入			预算收入	其他		贷方	功能分类
（二）预算支出类									
7201	事业支出				预算支出	其他		借方	预算来源，项目档案，功能分类
720101		财政拨款支出			预算支出	其他		借方	预算来源，项目档案，功能分类，经济分类，政府经济分类—预算
72010102			项目支出		预算支出	其他		借方	预算来源，项目档案，功能分类，经济分类，政府经济分类—预算
720102		非财政专项资金支出			预算支出	其他		借方	预算来源，项目档案，功能分类，经济分类，政府经济分类—预算
72010202			项目支出		预算支出	其他		借方	预算来源，项目档案，功能分类，经济分类，政府经济分类—预算
720103		其他资金支出			预算支出	其他		借方	预算来源，项目档案，功能分类，经济分类，政府经济分类—预算
72010302			项目支出		预算支出	其他		借方	预算来源，项目档案，功能分类，经济分类，政府经济分类—预算
7701	债务还本支出				预算支出	其他		借方	预算来源，项目档案，功能分类
7901	其他支出				预算支出	其他		借方	预算来源，项目档案，功能分类
790199		其他			预算支出	其他		借方	预算来源，项目档案，功能分类
（三）预算结余类									
8001	资金结存				预算结余	其他		借方	
800101		零余额账户用款额度			预算结余	其他		借方	项目档案

续表

科目编码	科目名称				科目类型	现金分类	级次	科目方向	辅助核算
	一级科目	二级科目	三级科目	四级科目					
800102		货币资金			预算结余	其他		借方	
800103		财政应返还额度			预算结余	其他		借方	项目档案
8101	财政拨款结转				预算结余	其他		贷方	资金种类，项目档案，功能分类
810101		年初余额调整			预算结余	其他		贷方	资金种类，项目档案，功能分类
81010102			项目支出结转		预算结余	其他		贷方	资金种类，项目档案，功能分类
810102		归集调入			预算结余	其他		贷方	资金种类，项目档案，功能分类
81010202			项目支出结转		预算结余	其他		贷方	资金种类，项目档案，功能分类
810103		归集调出			预算结余	其他		贷方	资金种类，项目档案，功能分类
81010302			项目支出结转		预算结余	其他		贷方	资金种类，项目档案，功能分类
810104		归集上缴			预算结余	其他		贷方	资金种类，项目档案，功能分类
81010402			项目支出结转		预算结余	其他		贷方	资金种类，项目档案，功能分类
810106		本年收支结转			预算结余	其他		贷方	资金种类，项目档案，功能分类
81010602			项目支出结转		预算结余	其他		贷方	资金种类，项目档案，功能分类
810107		累计结转			预算结余	其他		贷方	资金种类，项目档案，功能分类
81010702			项目支出结转		预算结余	其他		贷方	资金种类，项目档案，功能分类
8102	财政拨款结余				预算结余	其他		贷方	资金种类，项目档案，功能分类
810201		年初余额调整			预算结余	其他		贷方	资金种类，项目档案，功能分类
8201	非财政拨款结转				预算结余	其他		贷方	项目档案，功能分类
820101		年初余额调整			预算结余	其他		贷方	项目档案，功能分类
8202	非财政拨款结余				预算结余	其他		贷方	功能分类
820201		年初余额调整			预算结余	其他		贷方	功能分类
8501	其他结余				预算结余	其他		贷方	

注：项目建设单位根据单位管理需要，可以对“在建工程”及明细科目设置项目档案、部门、客商等辅助核算。

表 3-2 工程概算与会计科目对照表

工程概算情况						会计科目设置					
概算序号		工程或费用名称	建安工程费	设备购置费	独立费用	一级科目	二级科目	三级科目（涉及待摊投资的可按明细设置项目辅助核算/项目少的单位可考虑设置三级及一下明细科目）		辅助核算	备注
I		工程部分投资									项目建设单位根据单位管理需要，可以对“在建工程”及明细科目设置项目档案、部门、客商等辅助核算
第一部分		建筑工程	建筑工程								
		枢纽工程	建筑工程								
1	一级项目	挡水工程	建筑工程			在建工程	建筑安装工程投资	建筑工程投资		客商、部门、项目	
1.1	二级项目	混凝土坝（闸）工程	建筑工程				建筑安装工程投资	建筑工程投资		客商、部门、项目	
1.1.1	三级项目	土方开挖	建筑工程								
1.1.2	三级项目	石方开挖	建筑工程								
1.2	二级项目	土（石）坝工程	建筑工程				建筑安装工程投资	建筑工程投资		客商、部门、项目	
1.2.1	三级项目	土方开挖	建筑工程								
1.2.2	三级项目	石方开挖	建筑工程								
2	一级项目	泄洪工程	建筑工程				建筑安装工程投资	建筑工程投资		客商、部门、项目	
…											
第二部分		机电设备及安装工程									
		枢纽工程									

续表

工程概算情况						会计科目设置				
概算序号		工程或费用名称	建安工程费	设备购置费	独立费用	一级科目	二级科目	三级科目（涉及待摊投资的可按明细设置项目辅助核算/项目少的单位可考虑设置三级及一下明细科目）	辅助核算	备注
1	一级项目	发电设备及安装工程	安装工程	在安装设备/不需要安装设备/工具及器具			建筑安装工程投资	安装工程投资	客商、部门、项目	
1.1	二级项目	水轮机设备及安装工程	安装工程				设备投资	在安装设备	客商、部门、项目	
1.1.1	三级项目	水轮机	安装工程				设备投资	不需要安装设备	客商、部门、项目	
1.1.2	三级项目	调速器	安装工程				设备投资	工具及器具	客商、部门、项目	
…										
2	一级项目	升压变电设备及安装工程					建筑安装工程投资	安装工程投资	客商、部门、项目	
2.1	二级项目	主变压器设备及安装工程					设备投资	在安装设备	客商、部门、项目	
2.1.1	三级项目	变压器					设备投资	不需要安装设备	客商、部门、项目	
2.1.2	三级项目	轨道					设备投资	工具及器具	客商、部门、项目	
…										
3	一级项目	公用设备及安装工程					建筑安装工程投资	安装工程投资	客商、部门、项目	
3.1	二级项目	通讯设备及安装工程					设备投资	在安装设备	客商、部门、项目	
3.1.1	三级项目	卫星通信					设备投资	不需要安装设备	客商、部门、项目	
3.1.2	三级项目	光缆通信					设备投资	工具及器具	客商、部门、项目	
…										

续表

概算序号		工程或费用名称	建安工程费	设备购置费	独立费用	一级科目	二级科目	三级科目（涉及待摊投资的可按明细设置项目辅助核算/项目少的单位可考虑设置三级及一下明细科目）	辅助核算	备注
第三部分		金属结构设备及安装工程								
		枢纽工程								
1	一级项目	挡水工程	安装工程	在安装设备/不需要安装设备/工具及器具			建筑安装工程投资	安装工程投资	客商、部门、项目	
1.1	二级项目	闸门设备及安装工程	安装工程				设备投资	在安装设备	客商、部门、项目	
1.1.1	三级项目	平板门	安装工程				设备投资	不需要安装设备	客商、部门、项目	
1.1.2	三级项目	埋件	安装工程				设备投资	工具及器具	客商、部门、项目	
…										
第四部分		施工临时工程	√							
1	一级项目	导流工程	√				待摊投资	临时设施费	客商、部门、项目	
1.1	二级项目	导流明渠工程	√				待摊投资	临时设施费	客商、部门、项目	
1.1.1	三级项目	土方开挖	√						客商、部门、项目	
1.1.2	三级项目	石方开挖	√						客商、部门、项目	
…			√						客商、部门、项目	
2	一级项目	施工交通工程	√				待摊投资	临时设施费	客商、部门、项目	
3	一级项目	施工供电工程	√				待摊投资	临时设施费	客商、部门、项目	
4	一级项目	临时房屋建筑工程	√				待摊投资	临时设施费	客商、部门、项目	
5	一级项目	其他施工临时工程	√				待摊投资	临时设施费	客商、部门、项目	

续表

工程概算情况						会计科目设置					
概算序号		工程或费用名称	建安工程费	设备购置费	独立费用	一级科目	二级科目	三级科目（涉及待摊投资的可按明细设置项目辅助核算/项目少的单位可考虑设置三级及一下明细科目）		辅助核算	备注
第五部分		独立费用									
1	一级项目	建设管理费			√						
1.1	二级项目	1. 建设单位开办费［根据概（估）算］书53页文字说明整理）			√						
		必须购置的办公设施			√		其他投资	办公生活用家具、器具购置		客商、部门、项目	可按资产类别设置四级明细核算
		必须购置的交通工具			√		其他投资	办公生活用家具、器具购置		客商、部门、项目	可按资产类别设置四级明细核算
		其他用于开办工作的费用			√		待摊投资	其他管理性质费用		客商、部门、项目	
1.2	二级项目	2. 建设单位人员费［根据概（估）算］书53页文字说明整理）			√					客商、部门、项目	
		工作人员基本工资、辅助工资、职工福利费、劳动保护费、养老保险费、失业保险费、医疗保险费、工伤保险费、生育保险费、住房公积金等			√		待摊投资	项目建设管理费	工资及相关费用/劳动保护费	部门、项目	

续表

工程概算情况						会计科目设置					
概算序号		工程或费用名称	建安工程费	设备购置费	独立费用	一级科目	二级科目	三级科目（涉及待摊投资的可按明细设置项目辅助核算/项目少的单位可考虑设置三级及一下明细科目）		辅助核算	备注
1.3	二级项目	3. 项目管理费［根据概（估）算］书53页文字说明整理）			√					客商、部门、项目	
		（1）工程建设过程中用于资金筹措、召开董事（股东）会议、视察工程建设所发生的会议和差旅等费用			√		待摊投资	其他管理性质费用	会议费/差旅费	客商、部门、项目	
		（2）工程宣传费			√		待摊投资	其他管理性质费用		部门、项目	
		（3）土地使用税、房产税、印花税、合同公证费			√		待摊投资	土地使用税		客商、部门、项目	
					√		待摊投资	其他税费	房产税	客商、部门、项目	
					√		待摊投资	印花税		客商、部门、项目	
					√		待摊投资	其他税费	合同公证费	客商、部门、项目	
		（4）审计费			√		待摊投资	社会中介机构审查费	审计费	客商、部门、项目	
		（5）施工期间所需的水情、水文、泥沙、气象监测费和报讯费			√		待摊投资	其他待摊投资性质支出	监测报讯费	客商、部门、项目	
		（6）工程验收费			√		待摊投资	项目建设管理费	竣工验收费	部门、项目	

续表

工程概算情况						会计科目设置					
概算序号		工程或费用名称	建安工程费	设备购置费	独立费用	一级科目	二级科目	三级科目（涉及待摊投资的可按明细设置项目辅助核算/项目少的单位可考虑设置三级及一下明细科目）		辅助核算	备注
		（7）建设单位人员的教育经费、办公费、差旅交通费、会议费、交通车辆使用费、技术图书资料费、固定资产折旧费、零星固定资产购置费、低值易耗品摊销费、工具用具使用费、修理费、水电费、采暖费等			√		待摊投资	项目建设管理费	工资及相关费用	部门、项目	
					√		待摊投资	项目建设管理费	办公费	部门、项目	
					√		待摊投资	项目建设管理费	差旅交通费	部门、项目	
					√		待摊投资	项目建设管理费	其他管理性支出（会议费）	部门、项目	
					√		待摊投资	项目建设管理费	固定资产使用费	客商、部门、项目	
					√		待摊投资	项目建设管理费	技术图书资料费	客商、部门、项目	
					√		待摊投资	项目建设管理费	固定资产折旧费	部门、项目	
					√		待摊投资/其他投资	项目建设管理费/办公生活用家具、器具购置	零星固定资产购置费/资产类别	客商、部门、项目	
					√		待摊投资	项目建设管理费	低值易耗品摊销费	部门、项目	
					√		待摊投资	项目建设管理费	工具用具使用费	客商、部门、项目	
					√		待摊投资	项目建设管理费	其他管理性支出（修理费）	部门、项目	
					√		待摊投资	项目建设管理费	其他管理性支出（水电费）	部门、项目	
					√		待摊投资	项目建设管理费	其他管理性支出（采暖费）	部门、项目	

续表

工程概算情况						会计科目设置					
概算序号		工程或费用名称	建安工程费	设备购置费	独立费用	一级科目	二级科目	三级科目（涉及待摊投资的可按明细设置项目辅助核算/项目少的单位可考虑设置三级及一下明细科目）		辅助核算	备注
		（8）招标业务费			√		待摊投资	招标投标费		客商、部门、项目	
		（9）经济技术咨询费。包括勘测设计成果咨询、评审费，工程安全坚定、验收技术鉴定、安全评价相关费用，建设期造价咨询，防洪影响评价、水资源论证、工程场地地震安全性评价、地质灾害危险性评价及其他专项咨询等发生的费用			√		待摊投资	其他待摊投资性质支出	可按概算费用内容设置明细科目	客商、部门、项目	
		（10）公安、消防部门派驻工地补贴及其他工程管理费用			√		待摊投资	其他待摊投资性质支出		客商、部门、项目	
2	一级项目	工程建设监理费			√		待摊投资	监理费		客商、部门、项目	
3	一级项目	联合试运转费			√		待摊投资	负荷联合试车费		客商、部门、项目	
4	一级项目	生产准备费			√						
4.1	二级项目	生产及管理单位提前进厂费			√		待摊投资	其他待摊投资性质支出		客商、部门、项目	
4.2	二级项目	生产职工培训费			√		待摊投资	其他待摊投资性质支出		客商、部门、项目	
4.3	二级项目	管理用具购置费			√		设备投资	工具及器具		客商、部门、项目	
4.4	二级项目	备品备件购置费			√		设备投资	工具及器具		客商、部门、项目	
4.5	二级项目	工器具及生产家具购置费			√		设备投资	工具及器具		客商、部门、项目	
⋮											

续表

工程概算情况						会计科目设置					
概算序号		工程或费用名称	建安工程费	设备购置费	独立费用	一级科目	二级科目	三级科目（涉及待摊投资的可按明细设置项目辅助核算/项目少的单位可考虑设置三级及一下明细科目）		辅助核算	备注
5	一级项目	科研勘测设计费									
5.1	二级项目	工程科学研究试验费					待摊投资	研究实验费		客商、部门、项目	
5.2	二级项目	工程勘测设计费					待摊投资	设计费		客商、部门、项目	
							待摊投资	勘测费		客商、部门、项目	
							待摊投资	可行性研究费		客商、部门、项目	
							待摊投资	项目其他前期费		客商、部门、项目	
					√						
6	一级项目	其他			√						
6.1		工程保险费			√		待摊投资	其他待摊投资性质支出		客商、部门、项目	
6.2		其他税费					待摊投资	其他税费		客商、部门、项目	
		基本预备费					建筑安装工程投资（根据实际发生的内容，归集到相应的科目和项目）	建筑工程投资		客商、部门、项目	
								安装工程投资		客商、部门、项目	
		静态投资									
Ⅱ		建设征地移民补偿投资					待摊投资	土地征用及迁移补偿费		客商、部门、项目	
一		农村部分补偿费					待摊投资	土地征用及迁移补偿费		客商、部门、项目	

续表

工程概算情况					会计科目设置				
概算序号	工程或费用名称	建安工程费	设备购置费	独立费用	一级科目	二级科目	三级科目（涉及待摊投资的可按明细设置项目辅助核算/项目少的单位可考虑设置三级及一下明细科目）	辅助核算	备注
二	城（集）镇部分补偿费					待摊投资	土地征用及迁移补偿费	客商、部门、项目	
三	工业企业补偿费					待摊投资	土地征用及迁移补偿费	客商、部门、项目	
四	专业项目补偿费					待摊投资	土地征用及迁移补偿费	客商、部门、项目	
五	防护工程费					待摊投资	土地征用及迁移补偿费	客商、部门、项目	
六	库底清理费					待摊投资	土地征用及迁移补偿费	客商、部门、项目	
七	其他费用					待摊投资	土地征用及迁移补偿费	客商、部门、项目	
	一至七项小计								
	基本预备费								
	有关税费								
	静态投资								
Ⅲ	环境保护工程投资					根据概算的实际情况设置科目		客商、部门、项目	
	静态投资								
Ⅳ	水土保持工程投资					待摊投资/待核销基建		客商、部门、项目	
	静态投资								
Ⅴ	工程投资总计（Ⅰ～Ⅳ合计）								
	静态总投资								
	价差预备费								
	建设期融资利息					待摊投资	借款利息/债券利息	客商、部门、项目	
	总投资								

“设备投资”明细科目核算单位发生的构成建设项目实际支出的各种设备的实际成本。本明细科目应当设置“在安装设备”“不需要安装设备”和“工具及器具”三个三级明细科目核算，并依据概算表的内容设置四级明细核算或项目辅助核算。

“待摊投资”明细科目核算单位发生的构成建设项目实际支出的、按照规定应当分摊计入有关工程成本和设备成本的各项间接费用和税费支出。本明细科目按以下内容设置三级明细科目核算，其中项目建设管理费按《基本建设项目建设成本管理规定》第五条的内容设立四级明细核算，见表 3－3。

（1）勘察费、设计费、研究试验费、可行性研究费及项目其他前期费。

（2）土地征用及迁移补偿费、土地复垦及补偿费、森林植被恢复费及其他为取得土地使用权或租用权而发生的费用。

（3）土地使用税、耕地占用税、契税、车船税、印花税及其他税费。

（4）项目建设管理费、代建管理费、临时设施费、监理费、招标投标费、社会中介机构审计（审查）费及其他管理性质费用。项目建设管理费包括工资及相关费用、办公费、办公场地租用费、差旅交通费、劳动保护费、工具用具使用费、固定资产使用费、招募生产工人费、技术图书资料费（含软件）、业务招待费、施工现场津贴、竣工验收费及其他管理性支出等。

（5）项目建设期间发生的各类专门借款利息支出或融资费用。

（6）工程检测费、设备检验费、负荷联合试车费及其他检验检测类费用。

（7）固定资产损失，器材处理亏损，设备盘亏及毁损，单项工程或单位工程报废、毁损净损失及其他损失。

（8）系统集成等信息工程的费用支出。

（9）其他待摊投资性质支出。

表 3－3　　在建工程—待摊投资辅助核算表

科目编号	科目名称			
	一级科目	二级科目	三级科目	四级科目
1613	在建工程			
161303		待摊投资		
16130301		待摊投资	勘察费	
16130302		待摊投资	设计费	
16130303		待摊投资	研究试验费	
16130304		待摊投资	可行性研究费	
16130305		待摊投资	项目其他前期费	
16130306		待摊投资	土地征用及迁移补偿费	
16130307		待摊投资	土地复垦及补偿费	
16130308		待摊投资	森林植被恢复费	
16130309		待摊投资	其他为取得土地使用权或租用权而发生的费用	

续表

科目编号	科 目 名 称			
	一级科目	二级科目	三级科目	四级科目
16130310		待摊投资	土地使用税	
16130311		待摊投资	耕地占用税	
16130312		待摊投资	契税	
16130313		待摊投资	车船税	
16130314		待摊投资	印花税	
16130315		待摊投资	其他税费	
16130316		待摊投资	项目建设管理费	
1613031601		待摊投资		工资及相关费用
1613031602		待摊投资		办公费
1613031603		待摊投资		办公场地租用费
1613031604		待摊投资		差旅交通费
1613031605		待摊投资		劳动保护费
1613031606		待摊投资		工具用具使用费
1613031607		待摊投资		固定资产使用费
1613031608		待摊投资		招募生产工人费
1613031609		待摊投资		技术图书资料费（含软件）
1613031610		待摊投资		业务招待费
1613031611		待摊投资		施工场地津贴
1613031612		待摊投资		竣工验收费
1613031613		待摊投资		其他管理性支出
16130317		待摊投资	代建管理费	
16130318		待摊投资	临时设施费	
16130319		待摊投资	监理费	
16130320		待摊投资	招标投标费	
16130321		待摊投资	社会中介机构审计（审查）费	
16130322		待摊投资	其他管理性质费用	
16130323		待摊投资	借款利息	
16130324		待摊投资	债券利息	
16130325		待摊投资	贷款评估费	
16130326		待摊投资	国外借款手续费及承诺费	
16130327		待摊投资	汇兑损益	
16130328		待摊投资	债券发行费	
16130329		待摊投资	其他利息支出	
16130330		待摊投资	融资费用	

续表

科目编号	科　目　名　称			
	一级科目	二级科目	三级科目	四级科目
16130331		待摊投资	利息收入	
16130332		待摊投资	工程检测费	
16130333		待摊投资	设备检验费	
16130334		待摊投资	负荷联合试车费	
16130335		待摊投资	其他检验检测类费用	
16130336		待摊投资	固定资产损失	
16130337		待摊投资	器材处理亏损	
16130338		待摊投资	设备盘亏及毁损	
16130339		待摊投资	单位工程或单位工程报废、毁损净损失	
16130340		待摊投资	其他损失	
16130341		待摊投资	系统集成等信息工程的费用支出	
16130342		待摊投资	其他待摊投资性质支出	

“其他投资”明细科目核算单位发生的构成建设项目实际支出的房屋购置支出，基本畜禽、林木等购置、饲养、培育支出，办公生活用家具、器具购置支出，软件研发和不能计入设备投资的软件购置等支出。单位为进行可行性研究而购置的固定资产，以及取得土地使用权支付的土地出让金，也通过本明细科目核算。本明细科目应当设置“房屋购置”“基本畜禽支出”“林木支出”“办公生活用家具、器具购置”“可行性研究固定资产购置”“无形资产”等三级明细科目，并设置项目辅助核算。

“待核销基建支出”科目应按照待核销基建支出的类别设置“江河清障”“航道清淤”“飞播造林”“补助群众造林”“水土保持”“城市绿化”“取消项目的可行性研究费”“项目整体报废等不能形成资产部分的基建投资支出”等三级明细科目，并设置项目辅助核算。

“基建转出投资”明细科目核算为建设项目配套而建成的、产权不归属本单位的专用设施的实际成本。本明细科目应按照转出投资的类别设置“专用道路”“专用通讯设施”“专用电力设施”“地下管道”等三级明细科目，并设置项目辅助核算。

（二）长期借款

“长期借款”科目核算项目建设单位经批准向银行或其他金融机构等借入的期限超过1年（不含1年）的各种借款本息。本科目应当设置“本金”和“应计利息”明细科目，并按照贷款单位和贷款种类进行明细核算。按照具体项目进行辅助核算。

（三）财政拨款收入

“财政拨款收入”科目核算单位从同级政府财政部门取得的各类财政拨款。本科目可按照一般公共预算财政拨款、政府性基金预算财政拨款等拨款种类进行明细核算。

（四）非同级财政拨款收入

“非同级财政拨款收入”科目核算项目建设单位从非同级政府财政部门取得的经费拨款，包括从同级政府其他部门取得的横向转拨财政款、从上级或下级政府财政部门取得的经费拨款等。本科目应当按照本级横向转拨财政款和非本级财政拨款进行明细核算，并按照收入来源进行明细核算。

（五）其他收入

“其他收入”科目核算项目建设单位取得的除财政拨款收入、事业收入、上级补助收入、附属单位上缴收入、经营收入、非同级财政拨款收入、投资收益、捐赠收入、利息收入、租金收入以外的各项收入，包括现金盘盈收入、按照规定纳入单位预算管理的科技成果转化收入、行政单位收回已核销的其他应收款、无法偿付的应付及预收款项、置换换出资产评估增值等。本科目应当按照其他收入的类别、来源等进行明细核算。可设置“现金盘盈收入”“科技成果转化收入 ”“收回已核销的其他应收款”“无法偿付的应付及预收款项”“置换换出资产评估增值”“其他”等明细科目。

第三节　其他会计核算制度相关要求

一、企业会计准则制度的相关要求

（一）基本要求

企业性质的项目建设单位按照企业会计准则制度要求设置会计账簿的总账、明细账、日记账和其他辅助性核算账簿，对水利基本建设项目单独设置项目辅助账管理。

（二）科目设置

以水利基本建设项目成本核算、资金来源核算以及部分与其相关的科目为例来介绍企业会计准则制度下的科目设置情况。“在建工程”“工程物资”“短期借款”“长期借款”“专项应付款”等会计科目具体明细和辅助设置结合项目实际情况设置。

“在建工程”科目按“建筑工程”“安装工程”“在安装设备”“待摊支出”设置二级明细科目，同时可按项目、单位往来进行辅助核算。

“工程物资”科目按“专用材料”“专用设备”“工器具”等进行明细核算，同时可按项目、单位往来进行辅助核算。

“短期借款”科目按借款种类、贷款人和币种进行明细核算，按项目进行辅助核算。

“应付账款”科目可按客户、项目进行明细核算。

“其他应付款”科目按其他应付款的项目和对方单位（或个人）进行明细核算。

“长期借款”科目按贷款单位和贷款种类，分别以“本金”“利息调整”等进行明细核算，以及按项目进行辅助核算。

“应付债券”科目按“面值”“利息调整”“应计利息”等进行明细核算，以及按项目进行辅助核算。

“专项应付款”科目核算企业取得政府作为企业所有者投入的具有专项或特定用途的款项。

二、《国有建设单位会计制度》的相关要求

《国有建设单位会计制度》设置了 46 个会计科目对建设项目进行会计核算。项目建设单位在不违反概（预）算和财务制度等规定，不影响会计核算的要求和会计报表指标汇总的前提下，可以根据实际情况，作必要的增加、减少和合并。

“建筑安装工程投资”“设备投资”“待摊投资”“其他投资”可参考《政府会计制度》中的“在建工程”二级明细科目设置。

“交付使用资产”科目核算项目建设单位已经完成购置、建造过程，并已交付或结转给生产、使用单位的各项资产，包括固定资产、为生产准备的不够固定资产标准的工具、器具、家具等流动资产、无形资产的实际成本。项目建设单位用基建投资购建的在建设期间自用的固定资产，也通过本科目核算，在项目完工时应按国家规定处置或交付给运行管理单位。

第四节 案 例

承接第二章案例，依据政府会计准则制度，项目管理和《水利基本建设项目竣工财务决算编制规程》的相关要求，H省A水库工程总共设置一级会计科目30个，其中财务会计科目23个，预算会计科目7个，具体见表3-4。

表3-4 H省A水库工程常用的一级会计科目

财务会计科目		财务会计科目	
科目编号	科目名称	科目编号	科目名称
1001	库存现金	3001	累计盈余
1002	银行存款	3301	本期盈余
1201	财政应返还额度	3302	本年盈余分配
1212	应收账款	3401	无偿调拨净资产
1214	预付账款	4001	财政拨款收入
1218	其他应收款	4601	非同级财政拨款收入
1601	固定资产	5301	资产处置费用
1602	固定资产累计折旧	预算会计科目	
1611	工程物资	科目编号	科目名称
1613	在建工程	6001	财政拨款预算收入
1701	无形资产	6601	非同级财政拨款预算收入
2101	应交增值税	7201	事业支出
2102	其他应交税费	8001	资金结存
2302	应付账款	8101	财政拨款结转
2307	其他应付款	8102	财政拨款结余
2501	长期借款	8201	非财政拨款结转

在建工程、往来款项以及资金来源等科目的明细科目设置说明如下。

一、在建工程明细科目设置

根据H省A水库工程建设项目的概算项目划分，设置“在建工程”的四级及以下明细科目，概算表见表3-5。

（1）“在建工程—建筑安装工程投资—建筑工程”明细科目设置举例如下。

在建工程—建筑安装工程投资—建筑工程—主体建筑工程—土石坝工程—土石方工

程，科目设置对应总概算表（表3-5）中Ⅰ、第一部分、一、（一）及其下级项目。其中：

“建筑工程”科目下应设置“主体建筑工程”“交通工程”“供电线路工程”“房屋建筑工程”“其他建筑工程”等四级明细科目。四级明细科目设置对应总概算表（表3-5）中Ⅰ、第一部分、一、二、三、四、五。

“主体建筑工程”科目下，应设置土石坝工程、重力坝段工程、南灌溉洞工程和水电站工程等五级明细科目。五级明细科目设置对应总概算表（表3-2）中Ⅰ、第一部分、一、（一）、（二）、（三）、（四）。

土石坝工程的二级项目作为“在建工程”六级科目进行核算。

“在建工程—建筑安装工程投资—安装工程”的明细设置思路同上。

（2）“在建工程—设备投资—需安装设备”明细科目设置举例如下。

在建工程—设备投资—需安装设备—机电设备—发电设备—水轮机设备，科目设置对应总概算表中Ⅰ、第二部分、一、（一）及其下级项目。其中：

“需安装设备”科目下设“机电设备”“金属结构设备”等四级明细科目。四级明细科目设置对应总概算表（表3-5）中Ⅰ、第二部分、第三部分。

“机电设备”科目下设“发电设备”“升变压设备”“公用设备”等五级明细科目。五级明细科目设置对应总概算表（表3-5）中Ⅰ、第二部分、一、二、三等。

“发电设备”科目下设“水轮机设备”“发电机设备”等六级明细科目。六级明细科目设置对应总概算表（表3-5）中Ⅰ、第二部分、一、（一）、（二）等。

（3）“在建工程—待摊投资—临时设施费”明细科目设置举例如下。

在建工程—待摊投资—临时设施费—导流围堰工程—导流明渠，科目设置对应总概算表中Ⅰ、第四部分、一及其下级项目。其中：

“临时设施费”科目下设“导流围堰工程”“施工交通工程”“施工供电工程”“房屋建筑工程”等四级明细科目。四级明细科目设置对应总概算表（表3-5）中Ⅰ、第四部分、一、二、三、四。

“导流围堰工程”科目下，应设置“导流明渠”“施工围堰”“导流洞”“导流洞封堵”等五级明细科目。五级明细科目设置对应总概算表（表3-5）中Ⅰ、第四部分、一、（一）、（二）等。

导流明渠的二级项目作为“在建工程”六级科目进行核算。

“在建工程—待摊投资—建设单位管理费”“在建工程—待摊投资—勘察设计费”“在建工程—待摊投资—土地征用及迁移补偿费”“在建工程—待摊投资—环境保护工程费”“在建工程—待摊投资—水土保持工程费”等明细设置的思路同上。

值得注意的是，在环境保护工程和水土保持工程中，属于工程的部分应计入“在建工程—建筑安装工程投资—建筑工程”科目，属于设备费部分应计入“在建工程—设备投资—需安装设备”科目，独立费用等计入“在建工程—待摊投资”科目。

二、往来类科目设置

预付账款、应收账款、其他应收款、应付账款、其他应付款等往来核算类会计科目可以按照往来单位设置辅助核算。举例如下：

预付账款—基建项目—预付工程款（单位往来辅助核算）；

其他应付款—质量保证金/履约保证金/投标保证金（一年以下的应付款项）；
其他应收款—个人往来/单位往来；
长期应付款—质量保证金/履约保证金（一年以上含一年的应付款项）。

表 3－5　　**A 水库工程初步设计概算核定表**　　单位：万元

编号	工程或费用名称	金额	编号	工程或费用名称	金额
Ⅰ	枢纽工程部分			第四部分　临时工程	
	第一部分　建筑工程		一	导流围堰工程	
一	主体建筑工程		（一）	导流明渠	
（一）	土石坝工程		（二）	施工围堰	
（二）	重力坝段工程		二	施工交通工程	
（三）	南灌溉洞工程		（一）	上游土料场道路	
（四）	水电站工程		（二）	上游砂砾料场道路	
二	交通工程		…	…	
三	供电线路工程		三	施工供电工程	
四	房屋建筑工程		四	房屋建筑工程	
五	其他建筑工程			第五部分　独立费用	
	第二部分　机电设备及安装		一	建设管理费	
一	发电设备及安装工程		二	生产准备费	
（一）	水轮机设备及安装工程		三	科研勘测费	
（二）	发电机设备及安装工程		Ⅱ	建设征地移民补偿部分	
…	…		一	农村安置补偿费	
二	升变压设备及安装工程		二	其他费用	
（一）	主变压器设备及安装工程		三	基本预备费	
（二）	高压电气设备及安装工程		四	有关税费	
三	公用设备及安装工程		五	其他	
（一）	通信设备及安装工程		Ⅲ	环境保护工程部分	
（二）	通风系统		一	环境保护措施	
（三）	交通设备		二	环境监测措施	
…	…		三	环境保护仪器设备及安装	
	第三部分　金属结构及安装		四	环保临时措施	
一	溢流坝金属结构		五	环保独立费用	
（一）	溢流坝工作门		Ⅳ	水土保持工程部分	
（二）	表孔检修门		一	工程措施	
二	泄洪底孔金属结构		二	植物措施	
（一）	泄洪底孔工作门		三	施工临时工程	
（二）	泄洪底孔检修门		四	独立费用	
…	…				

三、资金来源核算的会计科目设置

根据第二章第六节案例的基础工作可知，H省A水库工程资金来源主要包括中央拨款、地方拨款以及银行贷款。根据资金的不同来源，涉及的财务会计科目分别为“财政拨款收入”“非同级财政拨款收入”“长期借款”等科目。明细科目设置举例如下：

财政拨款收入—中央预算内投资/省水利基金/省预算内投资/省财政专项投资；非同级财政拨款收入—市级配套资金；长期借款—××项目贷款—××银行。

第五节 常见问题及重点关注

一、常见问题

（1）2019年，某市水利重点工程建设管理中心同时担任三个水利基本建设项目法人（甲项目投资1.6亿元；乙项目投资2.1亿元；丙项目投资3.5亿元），分别设置三套专账，执行《国有建设单位会计制度》。2019年初执行《政府会计制度》后，该中心将以上三个项目合并调整，按照《政府会计制度》统一设置会计账簿、进行会计核算，但未按项目单独核算，致使每个基本建设项目成本（费用）支出不清晰。

不符合《政府会计制度》第一部分总说明“单位对基本建设投资应当按照本制度规定统一进行会计核算，不再单独建账，但是应当按项目单独核算，并保证项目资料完整”的要求。也不符合《政府会计准则制度解释第2号》八（一）“建设单位应当按照《政府会计制度》规定在相关会计科目下分项目对基本建设项目进行明细核算”的要求。

（2）某乡镇水利站（报账制事业单位）为某河道治理工程项目建设单位。2×22年度下达投资计划2,549.00万元，其中：中央预算内投资1,020.00万元、地方配套1,529.00万元。经查：县水利和湖泊局按照《政府会计制度》将该项目纳入了预算单位账簿统一核算，项目法人对该项目按照《国有建设单位会计制度》设置了专账，未在水利和湖泊局基础上进行成本及费用的辅助核算并与之对应。

不符合《关于贯彻实施政府会计准则制度的通知》（二）“实施时间和范围。自2019年1月1日起，执行政府会计准则制度的单位，不再执行……《国有建设单位会计制度》等制度”的规定。

（3）某水库工程（大型）建设管理局会计核算执行《政府会计制度》，其“在建工程—建筑安装工程投资”项下三级明细科目为承包单位（标段），未按初设批复的概算表具体内容建立成本明细账（或辅助账），致使成本支出类科目的设置与概算项目的建设内容衔接不一致。

不符合《政府会计准则制度解释第2号》八（四）“关于基本建设项目的明细科目或辅助核算，单位按照《政府会计制度》对基本建设项目进行会计核算的，应当通过在有关会计科目下设置与基本建设项目相关的明细科目或增加标记，或设置基建项目辅助账等方式，满足基本建设项目竣工决算报表编制的需要”。同时，不符合《水利基本建设项目竣工财务决算编制规程》，大型工程应按概（预）算二级项目分析概（预）算执行情况的要求设置会计科目。不利于项目按概算投资控制，不利于日常成本（费用）归集，不利于编制竣工财务决算。

二、重点关注

（1）项目建设单位根据单位性质选择适用的会计制度，进行会计核算。

（2）项目建设单位按《政府会计制度》规定设置会计账簿，按项目单独核算，并保证项目资料完整。

（3）项目建设单位根据工程规模和数量，按照工程概算设置会计科目，通过在有关会计科目下设置与基本建设项目相关的明细科目或增加标记，或设置基建项目辅助账等方式，满足基本建设项目竣工决算报表编制的需要。

（4）在环境保护工程和水土保持工程中，属于工程的部分应计入“在建工程—建筑安装工程投资”及下级科目核算，属于设备费部分应计入“在建工程—设备投资”及下级科目核算，独立费用在“在建工程—待摊投资”及下级科目核算。

（5）辅助核算。在总账、明细账核算之外，还可提供部门核算、承包单位往来核算（个人、客商往来核算）和项目核算等辅助核算。

（6）其他辅助性账簿为内部管理需要而设置如投标保函、预付款保函、履约保函等辅助账。

第四章　资金来源及核算

第一节　建设资金主要来源

一、主要来源

水利基本建设项目资金是指为满足水利基本建设项目的建设需要而筹集和使用的资金。资金来源是指水利基本建设项目资金从哪些渠道筹集取得。项目建设单位在决策阶段应当明确水利基本建设项目建设资金来源，落实建设资金。依法筹集和合理使用建设资金，正确处理资金使用效益与资金供给的关系，实现水利基本建设项目财务管理目标任务，必须做好水利基本建设项目资金来源的核算工作。

建设资金按照来源分为财政资金和自筹资金。财政资金包括一般公共预算安排的基本建设投资资金和其他专项建设资金，政府性基金预算安排的建设资金，政府依法举债取得的建设资金，以及国有资本经营预算安排的基本建设项目资金。自筹资金是指项目建设单位通过采取银行贷款，争取产品购买者预付货款，向社会及本企业职工发行股票、债券，与其他企业合资，通过商业信用赊购设备、租赁设备等形式筹集的项目建设资金。

二、管理要求

水利基本建设项目按功能和作用可分为非经营性项目和经营性项目，非经营性项目的建设资金按照国家有关规定筹集；经营性项目在防范风险的前提下，国家鼓励进行多渠道筹集建设资金。所有水利基本建设项目资金来源和管理都应遵从“依法、合理、效益”原则，筹集、使用和管理好建设资金，要符合国家法律法规、遵循项目概算和财务预算、满足项目建设需要，并符合经济性原则，专款专用，严禁挤占挪用。管理要求如下：

（1）依法合规筹集资金。任何筹资行为都应符合国家相关法律法规要求，严禁高息乱集资和变相高息集资，国家加强对政府投资资金的预算约束，政府及其有关部门不得违法违规举借债务筹措政府投资资金。对政府债务实行规模控制和预算管理并严肃财经纪律，严禁违法违规融资和违规使用政府性债务资金。

（2）事权划分要求。按照现行国家中央与地方财政事权和支出责任划分改革等有关要求，明确投资主体，确定各级政府在投资立项、筹资、建设以及拨款等环节上的责任，并确保资金落实到位和有效使用。地方政府投资建议计划应符合本地区财政承受能力和政府投资能力，不新增地方政府隐性债务。

（3）多渠道筹集资金。严格按照国家有关规定筹集资金，经营性项目在防范风险前提下，可以多渠道筹集资金。

（4）以批复的概算为控制依据。经投资主管部门或者其他有关部门核定的投资概算是控制政府投资项目总投资的依据。项目主管部门、项目单位和设计单位、监理单位等参建单位应当加强项目投资全过程管理，确保项目总投资控制在概算以内。投资支出超过概算的项目，按规定程序办理。

（5）财政资金遵循专款专用原则。严格按照批准的工程建设内容、规模和标准使用资金，严禁转移、侵占和挪用水利建设资金，保证资金使用合法、高效。使用水利发展资金的项目执行相应的资金管理办法。

（6）遵循成本效益原则。以降低成本和提高投资效益为目标，做好资金的合理筹集和节约使用，提高资金使用效益。

（7）经营性项目适用项目资本金制度。项目建设单位应当按照国家有关固定资产投资项目资本管理的规定，筹集一定比例的非债务性资金作为项目资本。在项目建设期间，项目资本的投资者除依法转让、依法终止外，不得以任何方式抽走出资。

第二节　非经营性项目建设资金构成

政府投资是非经营性水利基本建设项目的主要资金来源。水利基本建设项目按其对社会和国民经济发展的影响分为中央水利基本建设项目和地方水利基本建设项目。非经营项目建设资金构成主要包括以下七类。

一、中央政府投资

中央政府对项目建设进行的投资主要包括：

（1）中央预算内投资，一般指发展改革部门下达的投资计划。

（2）中央财政资金，指中央财政安排的用于水利的专项资金、水利发展资金等。

（3）重大水利工程建设基金，指国家为南水北调工程建设、解决三峡工程后续问题以及加强中西部地区重大水利工程而设立的政府性基金。

（4）水利建设基金，指专项用于水利建设的政府性基金。

（5）特别国债，是国债的一种，专款专用。各地收到财政部定向发行的用于水利建设的特别国债。

二、地方政府投资

地方政府（省、地市、县政府）对项目建设进行的投资主要包括：

（1）地方财政性资金，指以地方财政为中心的预算资金、国债资金以及其他财政性资金。

（2）地方政府一般债券和专项债券。根据《国务院关于加强地方政府性债务管理的意见》规定，地方政府债券包括一般债券和专项债券，一般债券用于没有收益的公益性事业，主要以一般公共预算收入偿还；专项债券用于有一定收益的公益性事业，主要以融资项目对应的政府性基金或专项收入偿还。

（3）水利建设基金，指专项用于水利建设的政府性基金。

（4）特别国债。

（5）重大水利工程建设基金等。

三、企业和私人投资

企业投资主要靠自筹资金，如企业的生产发展基金、折旧基金、大修理基金和职工福利基金等，也可采取多种方式筹资，如采取银行贷款，争取产品购买者预付货款，向社会及本企业职工发行股票、债券，与其他企业合资，通过商业信用赊购设备、租赁设备等。个人投资主要靠家庭个人的积蓄，或者通过银行信贷、民间信用渠道来筹集。企业和个人投资作为国家投资和集体投资的补充，日益发挥其重要作用。

四、利用外资

收到的境外资金（包括设备、材料、技术在内），包括对外借款（外国政府贷款、国际金融组织贷款、出口信贷、外国银行商业贷款、对外发行债券和股票）、外商直接投资、外商其他投资。

五、国内贷款

项目建设单位向银行及非银行金融机构借入用于水利基本建设项目建设的各种国内借款，包括银行利用自有资金及吸收存款发放的贷款、上级拨入的国内贷款、国家专项贷款、地方财政专项资金安排的贷款、国内储备贷款、周转贷款等。

六、债券

企业或金融机构为筹集用于水利基本建设项目建设的资金向投资者出具的承诺按一定发行条件还本付息的债务凭证，主要包括企业债券等。

七、其他投资

社会集资、无偿捐赠的资金及其他单位拨入的资金等。

第三节 非经营性项目建设资金来源核算

政府财政拨款是非经营性项目建设资金的主要来源，包括中央财政拨款和地方财政拨款。根据不同的分类方式，用于非经营性项目的财政拨款有不同的类型。按投资来源，财政资金包括中央预算内投资、中央财政资金专项资金和水利发展资金、重大水利工程建设基金（中央和地方）、水利建设基金（中央和地方）、地方财政性资金、地方政府一般债券和专项债券、特别国债等渠道安排的建设资金。按照预算类型，财政资金包括一般公共预算、政府性基金预算和国有资本经营预算安排的建设资金。除了政府财政拨款，部分非经营性水利基本建设项目还存在其他资金来源形式。

一、会计科目设置

财政拨款核算财务会计科目主要有“财政拨款收入”“非同级财政拨款收入”“财政应返还额度”等；预算会计科目主要有“财政拨款预算收入”“非同级财政拨款预算收入”“资金结存”等。

借款性质的资金来源包括短期借款和长期借款，财务会计科目主要有“短期借款”“长期借款”“应付利息”“银行存款”等；预算会计科目主要有“资金结存”“债务预算收入”“债务还本支出”等。

"财政拨款收入"科目核算项目建设单位从同级政府财政部门取得的各类财政拨款。同级政府财政部门预拨的下期预算款和没有纳入预算的暂付款项，以及采用实拨资金方式通过本单位转拨给下属单位的财政拨款，通过"其他应付款"科目核算，不通过本科目核算。本科目可按照一般公共预算财政拨款、政府性基金预算财政拨款等拨款种类进行明细核算，本年末结转后应无余额。

"非同级财政拨款收入"科目核算项目建设单位从非同级政府财政部门取得的经费拨款，包括从同级政府其他部门取得的横向转拨财政款、从上级或下级政府财政部门取得的经费拨款等。本科目应按照本级横向转拨财政款和非本级财政拨款进行明细核算，并按照收入来源进行明细核算，本年末结转后应无余额。

"财政应返还额度"科目核算实行国库集中支付的单位应收财政返还的资金额度。

"财政拨款预算收入"科目核算项目建设单位从同级政府财政部门取得的各类财政拨款。本科目应当按照水利基本建设项目的具体项目进行明细核算。本科目应当设置"基本支出"和"项目支出"两个明细科目。并按照《政府收支分类科目》中"支出功能分类科目"的项级科目进行明细核算；同时，在"基本支出"明细科目下按照"人员经费"和"日常公用经费"进行明细核算，在"项目支出"明细科目下按照具体项目进行明细核算。有一般公共预算财政拨款、政府性基金预算财政拨款等两种或两种以上财政拨款的单位，还应当按照财政拨款的种类进行明细核算。

"非同级财政拨款预算收入"核算项目建设单位从非同级政府财政部门取得的财政拨款，包括本级横向转拨财政款和非本级财政拨款。本科目应按照非同级财政拨款预算收入的类别、来源等进行明细核算。非同级财政拨款预算收入中如有专项资金收入，还应按照具体项目进行明细核算。

"短期借款"科目核算项目建设单位经批准向银行或其他金融机构等借入的期限在1年内（含1年）的各种借款。应当按照债权人和借款种类进行明细核算。

"长期借款"科目核算项目建设单位经批准向银行或其他金融机构等借入的期限超过1年（不含1年）的各种借款本息。本科目应当设置"本金"和"应计利息"明细科目，并按照具体项目、贷款单位和贷款种类等进行明细核算。

"债务预算收入"科目核算项目建设单位按照规定从银行和其他金融机构等借入的、纳入部门预算管理的、不以财政资金作为偿还来源的债务本金。本科目应当按照贷款单位、贷款种类等进行明细核算。

二、从同级财政部门取得财政资金的核算

按照《中央财政预算管理一体化资金支付管理办法（试行）》等预算管理一体化有关规定，财政部不再向中央国库集中支付业务代理银行下达用款额度，财政部根据批复的用款计划生成国库集中支付汇总清算额度通知单，按时签章发送人民银行，作为人民银行与代理银行清算国库集中支付资金的依据。

项目建设单位在收到批复的财政资金用款计划时，不再进行账务处理。在实际办理资金支付时，进行账务处理，确认相关财政资金收入。

项目建设单位在批复的预算指标和用款计划额度内，办理水利基本建设项目价款结算时，根据收到的国库集中支付凭证及相关原始凭证，按照凭证上的国库集中支付入账金

额，财务会计借记“在建工程”“工程物资”等科目，贷记“财政拨款收入”（使用本年度预算指标）或“财政应返还额度”（使用以前年度预算指标）等科目。预算会计按照实际支付金额，借记“事业支出”等，贷记“财政拨款预算收入”（使用本年度预算指标）或“资金结存—财政应返还额度”（使用以前年度预算指标）。

年末，根据财政部批准的本年度预算指标数大于当年实际支付数的差额中允许结转使用的金额，财务会计借记“财政应返还额度”科目，贷记“财政拨款收入”科目。预算会计借记“资金结存—财政应返还额度”科目，贷记“财政拨款预算收入”科目。

年末进行收入结转，财务会计将“财政拨款收入”等收入科目的本期发生额转入“本期盈余”科目，将“本期盈余”科目余额转入“本年盈余分配”科目，再将“本年盈余分配”科目余额转入“累计盈余”。预算会计将“财政拨款预算收入”科目本期发生额转入“财政拨款结转—本年收支结转”科目。本年收支结转如有余额，再将余额转入“财政拨款结转—累计结转”科目。完成结转后，应对财政拨款结转进行分析，按照有关规定将符合财政拨款结余性质的项目余额转入“财政拨款结余—结转转入”科目。

三、从非同级财政部门取得财政资金的核算

项目建设单位确认非同级财政拨款收入时，财务会计按照应收或实际收到的金额，借记“银行存款”“其他应收款”等科目，贷记“非同级财政拨款收入”科目。预算会计按照实际收到的款项，借记“资金结存—货币资金”，贷记“非同级财政拨款预算收入”。

年末进行收入结转时，财务会计将“非同级财政拨款收入”等收入科目的本期发生额转入“本期盈余”科目，将“本期盈余”科目余额转入“本年盈余分配”科目，再将“本年盈余分配”科目余额转入“累计盈余”科目。预算会计将“非同级财政拨款预算收入”科目本期发生额转入“非财政拨款结转—本年收支结转”科目；本年收支结转如有余额，再将余额转入“非财政拨款结转—累计结转”科目。完成结转后，应对非财政拨款专项结转资金各项目情况进行分析，将留归本单位使用的非财政拨款专项剩余资金转入“非财政拨款结余—结转转入”科目。

四、其他来源资金的核算

除了财政拨款外，非经营项目还存在国内贷款、利用外资等信贷资金、无偿捐赠等其他资金来源渠道。对于基本建设借款类，单位经批准通过短期或长期借款筹集资金，并实际取得借款资金时，按照贷款合同约定的金额，财务会计借记“银行存款”科目，贷记“短期借款”或“长期借款”等科目。预算会计借记“资金结存—货币资金”科目，贷记“债务预算收入”科目。

五、非经营性项目建设资金核算案例

接续H省A水库工程案例如下。

【4-1】　中央财政资金拨款会计核算

2019年度中央资金预算下达指标为100,000,000.00元。2019年6月，A水库建设运行中心以本年度中央预算内资金预付A承包单位工程款。该合同签约总价为5,939,463.30元。合同条款约定，本次预付款为合同价的10%；付款时间应在合同协议

书签订后由承包单位向发包单位提交银行出具的等额预付款保函，并经监理单位出具付款证书报送发包单位批准后14天内予以支付。

依据双方签订的合同、承包单位提交的等额预付款保函、预付款申请单及收款收据，监理单位支付证书，经发包单位经审签后的预付款申请单和国库集中支付凭证回单等原始凭证，做如下会计分录。

财务会计：

借：预付账款—预付工程款—A水库—A单位　　59,394.63

　贷：财政拨款收入—项目支出—本年预算拨款—中央预算内投资　　59,394.63

预算会计：

借：事业支出—财政拨款支出—项目支出—A水库　　59,394.63

　贷：财政拨款预算收入—项目支出—本年预算拨款—中央预算内投资　　59,394.63

事业支出的三级明细科目“项目支出”应按照预算来源、支出功能分类、部门经济分类、政府经济分类以及项目类别设置辅助核算。辅助核算为：①预算来源：本年预算（财政拨款）；②支出功能分类：2130305水利工程建设；③部门经济分类：30905基础设施建设；④政府经济分类：50602资本性支出；⑤项目：A水库。

财政拨款预算收入的二级明细科目“项目支出”按照资金种类、支出功能分类以及项目类别分别设置辅助核算。辅助核算为：①资金种类：一般公共预算财政拨款；②支出功能分类：2130305水利工程建设；③项目：A水库。

【4-2】　省级财政资金拨款会计核算

2019年度省级资金预算下达指标为250,000,000.00元。2019年7月，该单位支付B公司混凝土工程进度款43,621,671.57元，使用本年度省基建投资的财政拨款收入支付。

依据承包单位的工程进度付款申请单及工程进度付款汇总表、已完工程量汇总表、工程计量报验单，监理单位签字的工程进度款付款证书及工程进度付款审核汇总表与审核明细表，发包单位签字的工程款结算支付单等原始凭证，做如下会计分录。

财务会计：

借：在建工程—建筑安装工程投资—建筑工程—主体建筑工程—土石坝工程—混凝土工程
　　43,621,671.57

　贷：财政拨款收入—项目支出—本年预算拨款—省基建投资　　43,621,671.57

预算会计：

借：事业支出—财政拨款支出—项目支出—A水库工程　　43,621,671.57

　贷：财政拨款预算收入—项目支出—本年预算拨款—省基建投资　　43,621,671.57

【4-3】　市级财政资金拨款会计核算

2019年度市级投资资金计划下达数为50,000,000.00元。2019年8月，A水库建设运行中心收到开户银行的到账通知书，收到所在地市级财政拨付给本单位的资金50,000,000.00元，存入银行。

根据投资计划、收据、银行回单等原始凭证，做如下会计分录。

财务会计：

借：银行存款　　50,000,000.00

　贷：非同级财政拨款收入—项目支出—本年预算拨款—市级投资　　50,000,000.00

预算会计：

借：资金结存—货币资金　　50,000,000.00

　贷：非同级财政拨款预算收入—项目支出—本年预算拨款—市级投资　　50,000,000.00

【4-4】　银行贷款资金投入会计核算

2020年2月，A水库建设运行中心与G银行签订贷款合同，贷款总额为447,420,000.00元，贷款利率为5%，期限为3年，按年支付利息。9月15日，收到银行贷款447,420,000.00元。

根据借款合同、银行客户回单，做如下会计分录。

财务会计：

借：银行存款　　447,420,000.00

　贷：长期借款—A水库项目贷款——年以上到期的借款本金（G银行）　447,420,000.00

长期借款的二级明细科目“一年以上到期的借款本金”按照往来单位设置辅助核算，即往来单位：G银行。

预算会计：

借：资金结存—货币资金　　447,420,000.00

　贷：债务预算收入—项目支出—A水库　　447,420,000.00

债务预算收入按照支出功能分类进行辅助核算。辅助核算为：支出功能分类：2130305水利工程建设。

【4-5】　年末确认拨款差额

2020年，中央资金预算下达指标为100,000，000.00元，实际支付数为99,894,768.00元；省级资金预算下达指标为250,000,000.00元，实际支付数为249,900,957.00元。2020年末，A水库建设运行中心计算中央财政资金和省级财政资金年末应确认的拨款差额分别为105,232.00元和99,043.00元。

财务会计：

借：财政应返还额度—中央预算内投资　　105,232.00

　　财政应返还额度—省基建投资　　99,043.00

　贷：财政拨款收入—项目支出—本年预算拨款—中央预算内投资　　105,232.00

　　　财政拨款收入—项目支出—本年预算拨款—省基建投资　　99,043.00

预算会计：

借：资金结存—财政应返还额度—中央预算内投资　　105,232.00

　　资金结存—财政应返还额度—省基建投资　　99,043.00

　贷：财政拨款预算收入—项目支出—本年预算拨款—中央预算内投资　　105,232.00

　　　财政拨款预算收入—项目支出—本年预算拨款—省基建投资　　99,043.00

【4-6】　收入和预算收入的年末结转

2020年末，A水库建设运行中心将本年度的财政拨款收入、非同级财政拨款收入、财政拨款预算收入、非同级财政拨款预算收入、债务预算收入等预算收入类账户进行结转，其中，中央资金财政拨款资金为100,000,000.00元，省级资金财政拨款资金为250,000,000.00元，市级财政拨款资金为50,000，000.00元，债务资金为447,420,000.00元。

财务会计：

借：财政拨款收入—项目支出—本年预算拨款—中央预算内投　100,000,000.00
　　财政拨款收入—项目支出—本年预算拨款—省基建投资　250,000,000.00
　　非同级财政拨款收入—项目支出—本年预算拨款—市级投资　50,000,000.00
　贷：本期盈余　400,000,000.00

借：本期盈余　400,000,000.00
　贷：本年盈余分配　400,000,000.00

借：本年盈余分配　400,000,000.00
　贷：累计盈余　400,000,000.00

预算会计：

借：财政拨款预算收入—项目支出—本年预算拨款—中央预算内投资
　　100,000,000.00
　　财政拨款预算收入—项目支出—本年预算拨款—省基建投资 250,000,000.00
　　非同级财政拨款预算收入—项目支出—本年预算拨款—市级投资
　　50,000,000.00
　　债务预算收入—项目支出—A水库　447,420,000.00
　贷：财政拨款结转—本年收支结转　350,000,000.00
　　　非财政拨款结转—本年收支结转　497,420,000.00

借：财政拨款结转—本年收支结转　350,000,000.00
　　非财政拨款结转—本年收支结转　497,420,000.00
　贷：财政拨款结转—累计结转—项目支出结转　350,000,000.00
　　　非财政拨款结转—累计结转—项目支出结转　497,420,000.00

第四节　其他会计核算制度相关要求

一、企业会计准则制度的相关要求

（一）经营性项目建设资金构成

在市场经济条件下，以经济效益为主的经营性水利基本建设项目，在防范风险的前提下，可以多渠道筹集建设资金，并且要按照国家有关固定资产投资项目资本管理的规定，筹集一定比例的非债务性资金作为项目资本，具有投资主体多元化、投资形式多样化特征。

根据公司法有关规定，公司股份按照出资人标准分为国有股、法人股、个人股和外资股等，出资人可以用货币、实物、知识产权等进行出资，经营性水利基本建设项目资金来源包括出资人按照国家相关规定出资的项目资本金、发行债券和股票取得的资金、向金融机构等借款、国家补助、接受捐赠等。企业从政府取得的经济资源，具有无偿性特征的，属于政府补助，适用《企业会计准则第16号——政府补助》，政府以投资者身份向企业投入资本，享有相应的所有者权益，不适用《企业会计准则第16号——政府补助》。

（二）经营性项目建设资金来源的核算

企业性质的项目建设单位收到政府资本性投入，即政府享有相应的所有者权益的投入。企业收到政府投资时，通过“专项应付款”科目核算，借记“银行存款”科目，贷记“专项应付款”科目；待工程竣工交付后，借记“专项应付款”科目，贷记“资本公积”科目。

【4-7】 A项目建设单位为国有独资企业，执行企业会计制度。2×19年2月，收到项目建设单位投入注册资本金6,000,000.00元；3月，收到政府投入财政资金5,000,000.00元，政府享有相应的所有者权益。

（1）2月收到项目建设单位投入注册资本金6,000,000.00元

借：银行存款 6,000,000.00

贷：实收资本 6,000,000.00

（2）3月收到政府资本性投入5,000,000.00元

借：银行存款 5,000,000.00

贷：专项应付款 5,000,000.00

（3）工程竣工验收投入使用

借：专项应付款 5,000,000.00

贷：资本公积 5,000,000.00

二、《国有建设单位会计制度》的相关要求

（一）科目设置及账务处理

项目建设单位主要设置“基建拨款”“项目资本”“项目资本公积”“企业债券资金”“基建投资借款”等会计科目核算项目建设资金来源。

“基建拨款”科目核算项目建设单位各项水利基本建设拨款，包括中央和地方财政的预算拨款、地方主管部门和企业自筹资金拨款、其他单位、团体或个人无偿捐赠用于水利基建项目的资金和物资等。本科目按照不同的资金来源渠道、管理方式拨入的资金等设置明细科目进行明细核算。

“项目资本”科目核算经营性项目建设单位收到投资者投入的项目资本。本科目按照国家资本、法人资本、个人资本和外商资本等明细科目进行明细核算。

“项目资本公积”科目核算经营性项目取得的项目资本公积，包括投资者实际缴付的出资额超过其资本金的差额、接受捐赠财产以及外币资本的汇率折算差额等。按照形成类别设置明细科目进行明细核算。

“企业债券资金”科目核算建设单位收到生产企业拨入的用于水利基建项目的企业债券资金以及应付的债券利息。本科目下设“债券本金”和“债券利息”明细科目。

“基建投资借款”科目核算按规定借入的各种水利基本建设投资借款，包括由国家预算安排的投资借款、向银行或其他金融机构借入的投资借款、向国外政府、国际金融组织等借入的国外借款以及其他投资借款。本科目按照借款的资金来源渠道设置明细科目进行明细核算。

（二）实行国有建设单位会计制度核算案例

【4-8】 某单位实施××堤防加固工程项目，概算批复总投资130,000.00万元。

（1）2月，收到代理银行提供的《财政授权支付额度到账通知书》，其中该项目3月额度4,000,000.00元，资金来源是中央预算内投资。

（2）3月，收到地方政府配套资金10,000,000.00元的《授权支付额度到账通知书》，其中省级财政5,000,000.00元、市级财政5,000,000.00元。

（3）4月，办理完毕直接支付手续，申请用中央财政资金支付工程款10,000,000.00元。

（4）5月，收到生产企业B转入的企业债券本金5,000,000.00元。

（5）6月，向中国建设银行借款5,000,000.00元，已办妥手续，款项进入单位银行账户。

会计核算处理如下：

（1）借：零余额账户用款额度—××堤防加固工程项目　4,000,000.00
　　贷：基建拨款—中央预算内基建拨款—××堤防加固工程项目　4,000,000.00

（2）借：零余额账户用款额度—××堤防加固工程项目　10,000,000.00
　　贷：基建拨款—省级财政资金—××堤防加固工程项目　5,000,000.00
　　　　—市级财政资金—××堤防加固工程项目　5,000,000.00

（3）借：建筑安装工程投资—建筑工程—主体建筑工程—××堤防加固工程项目　10,000,000.00
　　贷：基建拨款—中央预算内基建拨款—××堤防加固工程项目　10,000,000.00

（4）借：银行存款　5,000,000.00
　　贷：企业债券资金—债券本金　5,000,000.00

（5）借：银行存款　5,000,000.00
　　贷：基建投资借款—商业银行投资借款—建行　5,000,000.00

第五节　常见问题及重点关注

一、常见问题

（一）地方配套资金不能及时、足额到位

2×20年，S省水利厅以《关于L市L区水系连通及农村水系综合整治试点区实施方案的批复》，批复L区项目总投资为78,700万元。项目资金累计到位77,200万元，尚有1,500万元县级财政资金未到位。

不符合《基本建设财务规则》第十二条“项目建设单位在决策阶段应当明确建设资金来源，落实建设资金，合理控制筹资成本”及《政府投资条例》第二十二条“政府投资项目所需资金应当按照国家有关规定确保落实到位”的规定。

（二）财政资金使用未专款专用，未严格按照批复的概算执行，资金使用管理不规范

（1）基本支出挤占基建项目支出。

某财政补助事业单位从某基本建设项目中购置办公桌椅、文件柜，以及其他办公用品累计10万元，供该单位日常办公使用，与该基建项目无关。

不符合《基本建设财务规则》第九条“财政资金管理应当遵循专款专用原则，严格按照批准的项目预算执行，不得挤占挪用”的规定。

(2) 违规使用中央水利发展资金支付征地补偿款等。

某水系连通项目法人使用中央资金支付征地补偿款 9.24 万元，支付办公设备（电脑、打印机及办公家具等）1.04 万元。

不符合《水利发展资金管理办法》第六条“水利发展资金不得用于征地移民、城市景观、财政补助单位人员经费和运转经费、交通工具和办公设备购置等经常性支出以及楼堂馆所建设支出”的规定。

(3) 从基建项目中列支概算外款项。

项目建设单位从某基建项目中支付不属于该工程批复实施内容范围的某城区段泄洪明渠应急度汛工程款 583.24 万元。

不符合《基本建设财务规则》第九条“财政资金管理应当遵循专款专用原则，严格按照批准的项目预算执行，不得挤占挪用”的规定。

二、重点关注

(一) 非经营性项目建设资金来源会计核算

(1) 财政资金的使用管理必须遵循专款专用原则，严格按照批准的项目概预算执行，严禁截留、挤占和挪用。财政资金来源类科目，应按项目、投资来源等进行明细核算，按照《基本建设财务规则》《水利发展资金管理办法》等规范资金使用，确保专款专用。

(2) 项目单位在决策阶段应明确资金来源，落实项目资金。确保地方配套资金及时、足额配套到位。

(3) 财政资金使用坚持先有预算后有支出，严禁超预算、无预算安排支出。严禁将国库资金违规拨入财政专户，严禁以拨代支，强化预算对执行的控制。批复的项目概算是项目建设实施和控制投资的依据，项目建设单位应严格按照批复的概预算、年度投资计划和预算、建设进度等控制项目投资规模。未经批准，不得擅自变更建设内容、建设规模和建设标准等。

(二) 经营性项目建设资金会计核算

(1) 经营性项目建设单位应按照《国务院关于加强固定资产投资项目资本金管理的通知》规定，完善项目资本金制度。投资项目资本金作为项目总投资中由投资者认缴的出资额，对投资项目来说必须是非债务性资金，项目建设单位不承担这部分资金的任何债务和利息；投资者可按其出资比例依法享有所有者权益，也可转让其出资，但不得以任何方式抽回。党中央、国务院另有规定的除外。

(2) 按照投资项目性质，规范确定资本金比例。适用资本金制度的投资项目，属于政府投资项目的，有关部门在审批可行性研究报告时要对投资项目资本金筹措方式和有关资金来源证明文件的合规性进行审查，并在批准文件中就投资项目资本金比例、筹措方式予以确认；属于企业投资项目的，提供融资服务的有关金融机构要加强对投资项目资本金来源、比例、到位情况的审查监督。

(3) 鼓励依法依规筹措重大投资项目资本金。对基础设施领域和国家鼓励发展的行业，鼓励项目建设单位和项目投资方通过发行权益型、股权类金融工具，多渠道规范筹措投资项目资本金。地方各级政府及其有关部门可统筹使用本级预算资金、上级补助资金等各类财政资金筹集项目资本金，可按有关规定将政府专项债券作为符合条件的重大项目资本金。项目借贷资金和不符合国家规定的股东借款、“名股实债”等资金，不得作为投资项目资本金。筹措投资项目资本金，不得违规增加地方政府隐性债务，不得违反国家关于国有企业资产负债率相关要求。不得拖欠工程款。

第五章　货币资金和往来款项核算

第一节　银行账户管理

一、银行账户的概念与分类

银行账户是指在中国境内经中国人民银行批准经营支付结算业务的政策性银行、商业银行（含外资独资银行、中外合资银行、外国银行分行）、城市信用合作社、农村信用合作社等为存款人开立的办理资金收付结算的人民币存款账户。

银行账户按账户性质及用途分为以下五种类型账户：

（1）基本存款账户。一个水利基本建设项目建设单位只能开立一个基本存款账户。

（2）预算单位零余额账户。实行国库集中支付业务的基本建设项目，按照国库集中支付管理要求，在国库集中支付代理银行开立一个零余额账户，用于办理国库集中支付业务。项目建设单位为行政及参公管理事业单位的，零余额账户的性质为基本存款账户，其他水利基建项目建设单位零余额账户的性质为专用存款账户。

（3）专用存款账户。专用存款账户用于办理各项专用资金的收付，该账户一般不得办理现金支取业务，如确需支取现金的，应在开户时报中国人民银行当地分支行批准。

（4）一般存款账户。一般存款账户用于办理单位借款转存、借款归还和其他结算的资金收付。该账户可以办理现金缴存，但不得办理现金支取。

（5）临时存款账户。临时存款账户用于办理临时机构以及存款人临时经济业务发生的资金收付。临时存款账户的期限应根据有关开户证明文件确定或单位根据需要确定。项目建设单位在临时存款账户的使用中需要延长期限的，应在有效期限内向开户银行提出申请，并由开户银行报中国人民银行当地分支行核准后办理展期。临时存款账户的有效期最长不得超过2年。

二、银行账户的管理

项目建设单位新开立银行账户以及变更银行账户的，一般采取竞争性方式或集体决策方式选择开户银行。开户银行一经确定，应保持稳定，除按规定应变更开户银行的情形以及其他特殊原因外，不得频繁变更。

项目建设单位必须按财政部门和人民银行规定的用途使用银行账户，不得将财政拨款转为定期存款、理财产品，不得截留、挤占、挪用、私分或变相使用基本建设专项资金，不得以个人名义存放单位资金，不得出租、转让银行账户，不得为个人或其他单位提供信用。

项目建设单位应切实履行本单位资金存放、使用管理主体责任，建立健全资金内部控制办法，明确财务、纪检、内审、人事等机构职责分工，通过流程控制和制度控制，强化各环节有效制衡，防范资金存放、使用风险事件，保证水利基建资金专款专用、安全稳健。

第二节　货币资金核算

一、会计科目设置

项目建设单位的货币资金核算主要涉及的会计科目有“库存现金”“银行存款”“财政应返还额度”等财务会计科目，以及“资金结存”等预算会计科目。

“库存现金”科目核算项目建设单位的库存现金相关经济业务。

“银行存款”科目核算项目建设单位存入银行或其他金融机构的各种存款。项目建设单位可按照银行名称设置相关明细账，并严格遵循国家有关支付结算办法的规定办理银行存款收支业务。

“财政应返还额度”科目核算实行国库集中支付的单位应收财政返还的资金额度。实行预算管理一体化的中央预算单位在“财政应返还额度”科目下不再设置“财政直接支付”“财政授权支付”明细科目。

“资金结存”科目核算单位纳入部门预算管理的资金的流入、流出、调整和滚存等情况。本科目应设置“货币资金”“财政应返还额度”两个明细科目进行核算。

二、货币资金核算内容

（一）库存现金核算

项目建设单位应当严格按照《现金管理暂行条例》等有关规定收支现金，切实加强现金监管；严禁用大额现金结算工程价款，严禁将单位收入的现金以个人名义存入银行，严禁违规编造用途套取现金；遵守库存现金的限额管理规定，库存现金（备用金）超出规定限额部分应及时存入银行账户；不得坐支现金；严格现金收付手续；严格钱账分管制度；现金管理应做到日清月结。

项目建设单位应当设置“库存现金日记账”，由出纳人员根据收付款凭证，按照业务发生顺序逐笔登记。每日终了，应当计算当日的现金收入合计数、现金支出合计数和结余数，并将结余数与实际库存数相核对，做到账款相符。

随着公务卡结算制度的实施，项目建设单位库存现金业务比例将逐渐降低，库存现金账务处理如下：

（1）从银行等金融机构提取现金，财务会计按照实际提取的金额，借记“库存现金”科目，贷记“银行存款”科目；将现金存入银行等金融机构，按照实际存入金额，借记“银行存款”科目，贷记本科目。预算会计不做处理。

（2）因内部职工出差或水利基本建设项目建设单位驻工程现场需要备用金等原因可借出现金，财务会计按照实际借出的现金金额，借记“其他应收款”（按职工进行辅助项目核算）科目，贷记“库存现金”科目，预算会计不做处理。在报销费用冲销借款时，凡归属于水利基本建设项目成本费用的，按报销金额借记“在建工程—待摊投资—建设管理费

（相关费用明细科目）”，按照实际冲销的借款金额，贷记“其他应收款”科目，按照其差额，借记或贷记“库存现金”科目；在预算会计中，按实际报销金额借记“事业支出—项目支出”等科目，贷记“资金结存—货币资金”科目。

（二）银行存款核算

项目建设单位应当严格按照国家有关规定办理银行存款收支业务并按规定进行会计核算。项目建设单位应当按照开户银行分别设置“银行存款日记账”，由出纳人员根据收付款凭证，按照业务的发生顺序逐笔登记，每日终了应结出余额。“银行存款日记账”应定期与“银行对账单”核对，至少每月核对一次。月度终了，单位银行存款日记账账面余额与银行对账单余额之间如有差额，应当逐笔查明原因并进行处理，按月编制“银行存款余额调节表”，调节相符。银行存款账务处理如下：

（1）收到工程建设资金拨款。项目建设单位收到工程建设专项拨款时，财务会计根据银行进账单所列金额，借记“银行存款”科目，贷记“财政拨款收入（按拨款渠道设置相关明细科目或项目辅助核算）”科目；预算会计借记“资金结存—货币资金”科目，贷记“财政拨款预算收入”科目。

（2）收到或支付银行利息。项目建设单位收到银行存款利息，在财务会计中，凡属工程建设期的，冲减债务利息，利息收入超过债务利息支出的部分，冲减待摊投资总支出，借记“银行存款”科目，贷记“在建工程—待摊投资—借款利息（或银行存款利息收入）”；在预算会计中，借记“资金结存—货币资金”科目，贷记“其他预算收入”等科目。支付工程建设债务利息，凡属工程建设期的，财务会计应当资本化计入工程建设成本，借记“在建工程—待摊投资—借款利息”，贷记本科目；在预算会计中，借记“事业支出”等科目，贷记“资金结存—货币资金”科目。

（3）支付款项。项目建设单位以银行存款支付工程款项时，财务会计按照实际支付的金额，借记“在建工程（相关明细科目）”等，贷记“银行存款”科目；预算会计借记“事业支出”等科目，贷记“资金结存—货币资金”科目。

（三）财政应返还额度核算

（1）收到财政资金。项目建设单位应当根据收到的国库集中支付凭证及相关原始凭证，按照凭证上的国库集中支付入账金额，财务会计借记“在建工程”“固定资产”“应付职工薪酬”等科目，贷记“财政拨款收入（使用本年度预算指标/使用以前年度预算指标）”科目；同时，预算会计借记“事业支出”等科目，贷记“财政拨款预算收入（使用本年度预算指标）”科目或“资金结存—财政应返还额度（使用以前年度预算指标）”科目。

（2）按规定向本单位实有资金账户划转财政资金。项目建设单位在某些特定情况下按规定从本单位零余额账户向本单位实有资金账户划转资金用于后续相关支出的，可在“银行存款”或“资金结存—货币资金”科目下设置“财政拨款资金”明细科目，或采用辅助核算等形式，核算反映按规定从本单位零余额账户转入实有资金账户的资金金额，并应当按照以下规定进行账务处理：

1）从本单位零余额账户向实有资金账户划转资金时，财务会计应当根据收到的国库集中支付凭证及实有资金账户入账凭证，按照凭证入账金额，在财务会计下借记“银行存款”科目，贷记“财政拨款收入（使用本年度预算指标/使用以前年度预算指标）”科目；同时，在预算会计下借记“资金结存—货币资金”科目，贷记“财政拨款预算收入（使用本年度预算指标/使用以前年度预算指标）”科目。

2）将本单位实有资金账户中从零余额账户划转的资金用于相关支出时，按照实际支付的金额，在财务会计下借记“在建工程”“应付职工薪酬”等科目，贷记“银行存款”科目；同时，在预算会计下借记“事业支出”等支出科目下的“财政拨款支出”明细科目，贷记“资金结存—货币资金”科目。

3）已支付的财政资金退回的账务处理。发生当年资金退回时，中央预算单位应当根据收到的财政资金退回通知书及相关原始凭证，按照通知书上的退回金额，在财务会计下借记“财政拨款收入”科目（支付时使用本年度预算指标）或“财政应返还额度”科目（支付时使用以前年度预算指标），贷记“在建工程”“库存物品”等科目；同时，在预算会计下借记“财政拨款预算收入”科目（支付时使用本年度预算指标）或“资金结存—财政应返还额度”科目（支付时使用以前年度预算指标），贷记“事业支出”等科目。

发生项目未结束的跨年资金退回时，中央预算单位应当根据收到的财政资金退回通知书及相关原始凭证，按照通知书上的退回金额，在财务会计下借记“财政应返还额度”科目，贷记“以前年度盈余调整”“在建工程”等科目；同时，在预算会计下借记“资金结存—财政应返还额度”科目，贷记“财政拨款结转—年初余额调整”等科目。

4）结余资金上缴国库的账务处理。因项目结束或收回结余资金，项目建设单位按照规定通过实有资金账户汇总相关资金统一上缴国库的，应当根据一般缴款书或银行汇款单上的上缴财政金额，在财务会计下借记“累计盈余”科目，贷记“银行存款”科目；同时，在预算会计下借记“财政拨款结余—归集上缴”科目，贷记“资金结存—货币资金”科目。项目建设单位按照规定注销财政拨款结转结余资金额度的，应当按照《政府会计制度》相关规定进行账务处理。

5）年末的账务处理。年末，项目建设单位根据财政部批准的本年度预算指标数大于当年实际支付数的差额中允许结转使用的金额，财务会计借记“财政应返还额度”科目，贷记“财政拨款收入”科目；同时，在预算会计下借记“资金结存—财政应返还额度”科目，贷记“财政拨款预算收入”科目。

（3）关于新旧衔接的会计处理。项目建设单位在转为预算管理一体化资金支付方式时，应当注销原零余额账户用款额度，按照零余额账户用款额度的金额，在财务会计下借记“财政拨款预算收入（使用本年度预算指标/使用以前年度预算指标）”科目，贷记“零余额账户用款额度”科目；同时，在预算会计下借记“财政拨款预算收入（本年度预算指标）”科目或“资金结存—财政应返还额度（以前年度预算指标）”科目，贷记“资金结存—零余额账户用款额度”科目。

省级及以下地方预算单位在预算管理一体化下的有关会计处理参照上述规定执行，但财政国库集中支付结余不再按权责发生制列支的地区，预算单位不执行上述规定中“5）年末的账务处理”。

三、货币资金核算案例

接续H省A水库工程案例如下。

【5-1】　银行存款支付业务

2019 年 8 月 6 日支付银行存款账户管理费、转账手续费 90.00 元。

依据审签手续、银行回单，做如下会计分录。

财务会计：

借：在建工程—待摊投资—项目建设管理费—办公费　　90.00

　贷：银行存款　　90.00

预算会计：

借：事业支出—非财政专项资金支出—项目支出—A 水库　　90.00

　贷：资金结存—货币资金—银行存款　　90.00

【5-2】　银行存款收款业务

2019 年 9 月 21 日，银行存款账户按季度结息 30,687.74 元。

依据银行存款利息单，做如下会计分录。

财务会计：

借：银行存款　　30,687.74

　贷：在建工程—待摊投资—银行存款利息收入　　30,687.74

预算会计：

借：资金结存—货币资金　　30,687.74

　贷：事业支出—财政拨款支出—项目支出—A 水库　　30,687.74

【5-3】　预算一体化方式支付业务

2020 年 1 月 7 日使用该项目 2019 年度预算一体化支付权责结转额度支付工程监理费 80 万元。

依据合同，监理单位（承包单位）提出的付款申请、发票，发包单位付款审签手续和银行回单等原始凭证，做如下会计分录。

财务会计：

借：在建工程—待摊投资—工程监理费　　800,000.00

　贷：财政应返还额度　　800,000.00

预算会计：

借：事业支出—财政拨款支出—项目支出—A 水库工程　　800,000.00

　贷：资金结存—财政应返还额度　　800,000.00

【5-4】　预算一体化年末的账务处理

A 水库建设运行中心 2019 年度在预算管理一体化支付下中央资金支付预算指标数 10,000 万元，当年实际发生数 9,550 万元，年末结转资金 450 万元。

在预算管理一体化模式下，代理银行提供的对账单注销额度处理，做如下会计分录。

财务会计：

借：财政应返还额度　　4,500,000.00

　贷：财政拨款收入—项目支出—本年预算拨款—中央预算内投资　　4,500,000.00

预算会计：

借：资金结存—财政应返还额度　　4,500,000.00

贷：财政拨款预算收入—项目支出—本年预算拨款—中央预算内投资 4,500,000.00

第三节　往来款项核算

一、会计科目设置

水利基本建设项目往来款是指项目建设单位在水利工程项目建设过程中，发生的与其他单位或个人的资金往来款项，涉及项目建设单位日常经济活动的各个方面，具体包括工程建设过程中预付、应付承包单位的工程款、备料款，应付承包单位的质量保证金、履约保证金及各类押金，应收变价收入、负荷试车和试运行收入，预借给职工的差旅费、备用金等其他应收款项等。

项目建设单位的往来款项核算主要涉及的会计科目有“应收账款”“其他应收款”“预付账款”“应付账款”“其他应付款”“长期应付款”等财务会计科目，以及“事业支出”等预算会计科目。

“应收账款”科目核算项目建设单位应收取的在基本建设过程中形成的各项工程建设副产品变价收入、负荷试车和试运行收入以及其他收入。本科目应当按照应收对象进行明细核算或项目辅助核算。

“其他应收款”科目核算项目建设单位除财政应返还额度、应收票据、应收账款、预付账款、应收股利、应收利息以外的其他各项应收及暂付款项，如职工预借的差旅费、已经偿还银行尚未报销的本单位公务卡欠款、拨付给内部有关部门的备用金、应向职工收取的各种垫付款项、支付的可以收回的定金或押金、应收的上级补助和附属单位上缴款项等。本科目应当按照其他应收的类别及应收对象进行明细核算或项目辅助核算。

“预付账款”科目核算项目建设单位按照购货、服务合同或协议规定预付给承包单位的款项，以及按照合同规定向承包单位预付的备料款和工程款。项目建设单位应当在此科目下设“预付备料款”“预付工程款”“其他预付款”等二级明细科目，并按照承包单位进行项目辅助核算。

“应付账款”科目核算项目建设单位因购买工程物资、接受劳务、开展工程建设而应付未付的款项以及工程在竣工决算阶段预留的尾工工程款。项目建设单位应当在此科目下设“应付工程款”“应付器材款”等明细科目，并按照应付对象进行项目辅助核算。

“其他应付款”科目核算项目建设单位因购买工程物资、接受劳务、开展工程建设尚未支付的，付款期限在 1 年内（含 1 年）的质量保证金和工程在竣工决算阶段预留的后续建设管理费以及暂收款项，如收取的押金、投标保证金、履约保证金等。

“长期应付款”科目核算付款期限超过 1 年（不含 1 年）的应付款项。项目建设单位应当在“其他应付款”“长期应付款”下设“应付质量保证金”“应付履约保证金”“应付其他”等明细科目，并按照应付对象进行单位/项目辅助核算。

二、往来款项核算内容

（一）应收账款核算

（1）确认应收账款。项目建设单位确认相关收入时，财务会计借记“应收账款”科目，按规定冲减工程成本的部分贷记“在建工程—待摊投资”科目，按规定应上缴财政的部分贷记“应缴财政款”科目；预算会计不做处理。

（2）收到应收账款。项目建设单位收到应收款项时，财务会计按实际收到的金额，借记“银行存款”等科目，贷记“应收账款”科目；预算会计按规定冲减工程成本的部分，借记“资金结存—货币资金”等科目，贷记“事业支出”，按规定应上缴财政的部分，不做预算会计核算。

（二）其他应收款核算

（1）发生职工预借差旅费、现场管理机构借备用金等项目建设单位支付暂付款项时，财务会计借记“其他应收款”科目，贷记“银行存款/库存现金”等；预算会计不做处理。

（2）报销费用冲销暂付款项时，凡归属于水利基本建设项目成本费用的，财务会计按照报销金额借记“在建工程—待摊投资—建设管理费（相关费用明细科目）”科目，按照实际冲销的暂付款贷记“其他应收款”科目，按照借贷方差额，借记或贷记“银行存款/库存现金”等；预算会计按实际报销金额借记“事业支出”科目，贷记“资金结存—货币资金”科目。

（三）预付账款核算

（1）项目建设单位发生预付款项时，财务会计借记“预付账款”科目，贷记“财政拨款收入/财政应返还额度/银行存款”科目；预算会计借记“事业支出”等科目，贷记“财政拨款预算收入或资金结存—财政应返还额度/货币资金”科目。

（2）项目建设单位收到所购工程物资或劳务，以及根据工程进度结算工程价款时，财务会计借记“在建工程（相关明细科目）/固定资产/工程物资”等科目，贷记“预付账款”科目，按照补付款项，贷记“财政拨款收入/财政应返还额度/银行存款”科目；预算会计按照实际补付金额借记“事业支出”等科目，贷记“财政拨款预算收入或资金结存—财政应返还额度/货币资金”科目。

（3）项目建设单位收到当年预付账款退回，财务会计按照实际收到退回金额借记“财政拨款收入/财政应返还额度/银行存款”科目，贷记本科目；预算会计按照实际收到退回金额借记“财政拨款预算收入或资金结存—财政应返还额度/或零余额账户用款额度/货币资金”科目，贷记“事业支出”等科目。

（4）项目建设单位收到以前年度预付账款退回，财务会计按照实际收到退回金额借记“财政应返还额度/零余额账户用款额度/银行存款”科目，贷记“预付账款”科目；预算会计按照实际收到退回金额借记“资金结存—财政应返还额度/零余额账户用款额度/货币资金”科目，贷记“财政拨款结余—年初余额调整”或“财政拨款结转—年初余额调整”科目。

三、应付账款核算

（1）项目建设单位购入工程物资或服务以及完成工程进度但尚未付款时，财务会计借记“工程物资/固定资产/在建工程（相关明细科目）”，贷记“应付账款”科目；预算会计不做处理。

（2）项目建设单位在工程竣工决算阶段预留的尾工工程款时，财务会计按照预留金额，借记“在建工程（相关明细科目）”，贷记“应付账款”科目；预算会计不做处理。

（3）项目建设单位支付应付账款时，财务会计按实际支付金额，借记“应付账款”科目，贷记“财政拨款收入/财政应返还额度/银行存款”科目；预算会计借记“事业支出”等科目，贷记“财政拨款预算收入或资金结存—财政应返还额度/货币资金”科目。

四、其他应付款、长期应付款核算

（1）项目建设单位价款结算时，按照价款结算工程量，财务会计借记“在建工程（相关明细科目）/工程物资/固定资产”等科目；按照应付未付的工程款，贷记“应付账款”科目；按照合同约定本次价款结算应扣留的质量保证金，贷记“其他应付款”或“长期应付款（应付质量保证金）”；按照本次价款结算时实际付款金额，贷记“财政拨款收入/财政应返还额度/银行存款”科目。预算会计按价款结算实际付款金额借记“事业支出”等科目，贷记“财政拨款预算收入或资金结存—财政应返还额度/货币资金”科目。

（2）项目建设单位退质量保证金时，财务会计按照实际支付金额借记“其他应付款—应付质量保证金”或“长期应付款—应付质量保证金”，贷记“财政拨款收入/财政应返还额度/银行存款”科目；预算会计按实际支付金额借记“事业支出”等科目，贷记“财政拨款预算收入”或“资金结存—财政应返还额度/货币资金”科目。

（3）项目建设单位收取的履约保证金等暂收款，财务会计借记“银行存款”科目，贷记“其他应付款”或“长期应付款（履约保证金）”；预算会计不做处理。退付履约保证金等暂收款，借记“其他应付款”或“长期应付款（履约保证金）”，贷记“银行存款”科目；预算会计不做处理。

（4）项目建设单位在工程竣工决算阶段预留的尾工工程款后续进行完工结算时，按照价款结算工程量，财务会计借记“其他应付款—尾工工程”科目；按照合同约定本次价款结算应扣留的质量保证金，贷记“其他应付款”或“长期应付款（应付质量保证金）”，按照本次价款结算时实际付款金额，贷记“财政拨款收入/财政应返还额度/银行存款”科目。预算会计按价款结算实际付款金额借记“事业支出”等科目，贷记“财政拨款预算收入或资金结存—财政应返还额度/货币资金”科目。

（5）项目建设单位在竣工决算阶段预留后续建设管理费，财务会计借记“在建工程—待摊投资—建设管理费”科目，贷记“其他应付款（竣工决算预留建设管理费）”；预算会计不做处理。

（6）项目建设单位支付预留的后续建设管理费，财务会计借记“其他应付款（竣工决算预留建设管理费）”科目，贷记“财政拨款收入/财政应返还额度/银行存款”科目；预算会计按实际支付金额借记“事业支出”等科目，贷记“财政拨款预算收入或资金结存—财政应返还额度/货币资金”科目。

五、往来款项核算案例

接续H省A水库工程案例如下。

【5-5】　其他应收款—预借差旅费

2019年12月2日职工王某出差借差旅费1,000.00元。

根据银行支付凭证、个人借款凭证、审签手续、费用报销单、发票，做如下会计分录。

财务会计：

借：其他应收款—王某　　　　　　　　　　　　　　　　　1,000.00

　贷：银行存款　　　　　　　　　　　　　　　　　　　　　1,000.00

预算会计不做处理。

【5-6】　其他应收款—借备用金

借备用金会计核算。2019年11月3日现场管理机构借备用金2,000.00元。

根据个人借款审批单、银行支付凭证，做如下会计分录。

财务会计：

借：其他应收款　　　　　　　　　　　　　　　　　　　2,000.00

　贷：银行存款　　　　　　　　　　　　　　　　　　　　　2,000.00

预算会计不做处理。

【5-7】　接续案例【5-6】2019年12月10日，王某报销办公费，用现金补足备用金定额500元。

根据审签手续、费用报销单、发票和银行回单等原始凭证，做如下会计分录。

财务会计：

借：在建工程—待摊费用—建设单位管理费—办公费　　　　2,500.00

　贷：银行存款　　　　　　　　　　　　　　　　　　　　　500.00

　　　其他应收款　　　　　　　　　　　　　　　　　　　　2,000.00

预算会计：

借：事业支出—其他资金支出—项目支出—A水库　　　　　2,500.00

　贷：资金结存—货币资金　　　　　　　　　　　　　　　　2,500.00

【5-8】　预付账款

2020年1月2日，A水库建设运行中心与承包单位B单位签订2标段施工合同协议书，合同总价为208,000,000.00元。合同条款约定：工程预付款总额为签约合同价的10%，分2次支付给承包单位，14日内第一次支付预付款总额的40%，第二次支付预付款总额的60%；承包单位在收取工程预付款时，应提交预付款保函。

施工按照合同文件的约定，B单位向项目建设单位递交了预付款保函、向当地劳动及社保部门预存了农民工工资保证金（或保函），故已具备了支付第一次工程预付款的条件。2020年1月13日，A水库建设运行中心通过预算管理一体化系统支付B单位第一次预付款8,320,000.00元。

依据合同，承包单位提供的开户许可证或账户变更手续、工程预付款申请单、收款收据，发包单位提供的支付证书审批单、预付款计算依据及结果、预付款保函和银行回单等原始凭证，做会计分录如下。

财务会计：

借：预付账款—预付工程款—A水库工程—B单位　　　　8,320,000.00

　贷：财政拨款收入—项目支出—本年预算拨款—省基建投资　　8,320,000.00

预算会计：

借：事业支出—财政拨款支出—项目支出—A水库工程　　8,320,000.00

贷：财政拨款预算收入—项目支出—本年预算拨款—省基建投资　8,320,000.00

【5-9】　应付账款

A水库建设运行中心于2020年2月1日结算C单位建筑安装工程进度款3,000,000.00元，款项尚未付。

依据合同，承包单位提供的工程进度付款申请单及工程进度付款汇总表、已完工程量汇总表、工程计量报验单，监理单位签字的工程进度款付款证书及工程进度付款审核汇总表与审核明细表，发包单位签字的工程款结算支付单等原始凭证，做会计分录如下。

财务会计：

借：在建工程—建筑安装工程投资—建筑工程—C单位　3,000,000.00

贷：应付账款—应付工程款—C单位　3,000,000.00

预算会计不做处理。

【5-10】　接续案例【5-9】，2020年2月13日，A水库建设运行中心使用本年度中央财政预算拨款，通过财政直接支付C单位进度款3,000,000.00元。

实际支付时账务处理如下。

财务会计：

借：应付账款—应付工程款—C单位　3,000,000.00

贷：财政拨款收入—项目支出—本年预算拨款—中央预算内投资　3,000,000.00

预算会计：

借：事业支出—财政拨款支出—项目支出—A水库　3,000,000.00

贷：财政拨款预算收入—项目支出—本年预算拨款—中央预算内投资　3,000,000.00

【5-11】　其他应付款—扣质量保证金会计核算

A水库建设运行中心于2020年5月10日使用本年度中央财政预算拨款，通过预算管理一体化管理体系结算A单位起重设备工程款135,000元，扣预付款108,000元，按照3%扣留4,050元质量保证金，实际支付22,950元。

依据合同，承包单位提供的工程进度付款申请单及工程进度付款汇总表、已完工程量汇总表、工程计量报验单，监理单位签字的工程进度款付款证书及工程进度付款审核汇总表与审核明细表，发包单位签字的工程款结算支付单和银行回单等原始凭证，做如下会计分录。

财务会计：

借：在建工程—设备投资—需安装设备——起重设备　135,000.00

贷：预付账款—基建项目—预付工程款—A单位　108,000.00

其他应付款—工程质量保证金—A单位　4,050.00

财政拨款收入—项目支出—本年预算拨款—中央预算内投资　22,950.00

预算会计：

借：事业支出—财政拨款支出—项目支出—A水库　22,950.00

贷：财政拨款预算收入—项目支出—本年预算拨款—中央预算内投资　22,950.00

【5-12】　其他应付款—退工程质量保证金会计核算

2020年12月11日，在预算一体化支付方式下，使用本年中央财政预算拨款，A水库建设运行中心退付D单位质量保证金1,693,950.72元。

依据合同，承包单位提供的工程款结算支付单、质量保证金退还申请表和证书、合同工程完工验收鉴定书、收款收据、费用报销单，监理单位签字的工程进度款付款证书、工程进度付款审核汇总表与审核明细表，发包单位签字的工程款结算支付单和银行回单等原始凭证，做如下会计分录。

财务会计：

借：其他应付款—质量保证金—D 单位　　1,693,950.72

　贷：财政拨款收入—项目支出—本年预算拨款—中央预算内投资　　1,693,950.72

预算会计：

借：事业支出—财政拨款支出—项目支出—A 水库工程项目　　1,693,950.72

　贷：财政拨款预算收入—项目支出—本年预算拨款—中央预算内投资　　1,693,950.72

第四节　其他会计核算制度相关要求

一、企业会计准则制度的相关要求

企业性质的项目建设单位收到政府拨款时，首先需要判断水利基本建设项目政府拨款的性质。如果政府拨款是属于资本性投入的，即政府将拥有企业相应的所有权，分享企业利润的，单位收到拨款时，通过“专项应付款”科目核算，借记“银行存款”科目，贷记“专项应付款—××财政拨款”科目；待工程竣工交付后转入“资本公积（国家资本）”科目，借记“专项应付款—××财政拨款”科目，贷记“资本公积（国家资本）”科目。

往来款项类科目有“应收账款”“预付账款”“应付账款”“其他应收款”“其他应付款”等科目，核算方式与政府会计制度类似，在此不再赘述。

二、《国有建设单位会计制度》的相关要求

《国有建设单位会计制度》核算货币资金类科目有“银行存款”“现金”“零余额账户用款额度”科目；核算往来类科目有“财政应返还额度”“预付工程款”“其他应收款”“应付工程款”“其他应付款”等科目；核算拨款类科目有“基建拨款”“基建投资借款”“项目资本”“项目资本公积”科目。货币资金及往来款项核算方式与政府会计制度类似，在此不再赘述。

第五节　常见问题及重点关注

一、常见问题

（一）违规支付货币资金

某防洪治理工程，2×18 年项目建设单位预支分局建设管理费，因分局无银行账户，款项预支至某管理所账户，2×19 年，该管理所支付给市住房公积金管理中心 19 余万元，违规挪用项目资金。

不符合《基本建设财务规则》第九条“财政资金管理应当遵循专款专用原则，严格按照批准的项目预算执行，不得挤占挪用”等相关规定。

（二）扣除的预付款和预留的质量保证金未进行会计核算

某水库项目，施工单位向项目建设单位报送经监理审核确认的2×20年工程进度款903.70万元，其中扣除预付款181.40万元、扣留保证金135.56万元，实际提供建安发票586.74万元。项目建设单位未对扣除预付款和预留的质量保证金向施工单位索取发票并进行会计核算。

不符合《会计基础工作规范》第三十七条“各单位发生的下列事项，应当及时办理会计手续、进行会计核算：……（六）财务成果的计算和处理；（七）其他需要办理会计手续、进行会计核算的事项”及《政府会计制度——行政事业单位会计科目和报表》第三条“单位应当根据政府会计准则（包括基本准则和具体准则）规定的原则和本制度的要求，对其发生的各项经济业务或事项进行会计核算”的规定。

二、重点关注

（一）货币资金核算

（1）水利基建资金管理要严格执行国家水利基建资管理办法的规定，开设专户，专户存储，专款专用，严禁多头开户和出租出借银行账户，严禁挤占、挪用和滞留专项资金。

（2）水利基建资金必须按规定用于经过批准的水利工程，任何单位和个人不得以任何名义改变基本建设支出预算，不得改变资金的使用性质和使用方向。

（3）注意挤占、挪用、滞留专项资金的区别：将不属于建设项目开支的费用从建设项目中开支，属挤占项目建设资金；将项目建设资金用担保或借款的方式转到其他项目或单位，使建设资金脱离了建设项目，属挪用建设资金；将应拨付到建设项目的资金不及时拨付到建设项目，属滞留建设资金。

（4）项目建设单位为企业的，针对水利基建项目应当单独开设基建专户或一般户等银行账户，避免和企业经营账户混合使用。

（5）项目建设单位应切实建立健全货币资金内部控制制度，营造良好内部控制环境，明确货币资金管理部门岗位职责分工，确保不相容岗位相分离、相互制约、相互监督，妥善保管银行预留印鉴和网银盾，科学设置网银盾密码等，对货币资金经济活动的风险进行全领域、全过程防范和管控，保障水利工程建设资金安全。

（二）往来款项核算

1. 建立往来款项定期清理制度

项目建设单位应建立往来款项定期清理制度，对职工借出的差旅费和备用金等个人借款，督促及时报账还款，借款期限不得超过一个年度，对因调离、退休等原因离开本单位的职工，应在离开前及时结清其个人借款。

水利基本建设项目建设单位在基本建设项目竣工财务决算阶段，应结清其他应收款和预付账款等往来款项，并对应付质量保证金、应付工程款（含已完工程和尾工工程）等应付科目进行全面梳理，确保工程建设成本完整性和准确性。

2. 预付账款的注意事项

项目建设单位预付备料款和工程款为预付款项性质，不得以拨代支，将该预付款项直接计入工程建设成本。在价款结算时分期扣回的预付款项，应及时进行账务处理。

第六章 工程物资核算

第一节 工程物资概念

工程物资是指项目建设单位为在建工程准备的各种物资，包括工程用材料、设备等，比如水泥、钢材、砂石料等建材以及尚未交付安装的需要安装设备等。

工程物资与存货、在建工程的概念既有联系又有区别。工程物资与存货的联系体现在两者的实物形态一致，都具有使用价值，物理性能与化学性能相对稳定的实物；同时，从会计要素看，工程物资与在建工程都是资产类会计科目，是能够以货币计量的经济资源，且均为非流动资产。工程物资与存货的区别在于存货的主要目的与功效在于维持项目的日常运行管理，工程物资则是专门用于项目的建设需要。工程物资与在建工程相比，在建工程反映在建的、尚未完工的建设项目工程发生的实际成本，对建设项目而言是已经列支的支出；工程物资是处于储备形态的建设资金，不构成投资完成，对建设项目而言尚未列支和进入建设成本。

第二节 工程物资会计核算

一、会计科目设置

项目建设单位的工程物资核算主要涉及的会计科目有“工程物资”“财政拨款收入”“应付账款”等财务会计科目，以及“事业支出”等预算会计科目。

“工程物资”核算项目建设单位为在建工程准备的各种物资的成本，包括工程用材料、设备等。在设置“库存材料”“库存设备”等二级明细科目的基础上，“库存材料”“库存设备”还应按工程物资类别进行三级核算或建立备查账。

项目建设单位购入不需要安装的设备，不在“工程物资”科目核算。工程物资属于政府采购范围的，应当按照规定编制政府采购预算。

二、工程物资会计核算内容

工程物资会计核算主要包括取得工程物资、领用或转让工程物资以及建设完工后剩余工程物资的会计核算。

（一）取得工程物资

项目建设单位购入为工程准备的物资，按照确定的物资成本，财务会计借记“工程物资”科目，贷记“财政拨款收入”“银行存款”“应付账款”等科目；预算会计按实际支付的金额，借记“事业支出”科目，贷记“财政拨款预算收入”“资金结存—货币资金”

科目。

（二）领用或转让工程物资

（1）项目建设单位领用工程物资时，按照物资成本，财务会计借记“在建工程”科目，贷记“工程物资”科目；预算会计不做处理。

（2）工程完工后将领出的剩余物资退库时，财务会计做相反的会计处理，借记本科目，贷记“在建工程”科目；预算会计不做处理。

（3）工程竣工验收前，项目建设单位将剩余工程物资有偿转让给其他单位时，会计处理与购入时相反，财务会计按转让物资的实际成本，借记“财政拨款收入”“银行存款”“应付账款”等科目，贷记“工程物资”科目，发生的价差在“在建工程”科目核算；预算会计按实际收到金额，借记“财政拨款预算收入”“资金结存—货币资金”等科目，贷记“事业支出”等科目。

（三）剩余工程物资

项目建设单位在工程完工后将剩余的工程物资转作本单位存货等的，按照物资成本，财务会计借记“库存物品”等科目，贷记“工程物资”科目；预算会计不做处理。

三、工程物资会计核算案例

以B项目建设单位为例，开展工程物资核算案例如下。

【6-1】 工程物资取得

2020年1月1日，B项目建设单位采购一批工程物资，价值1,000,000.00元，通过财政直接支付方式使用省级资金支付。

依据经办人提供的发票、资产验收入库单、费用报销单、产品清单、验收意见、银行回单等原始凭证，做会计分录如下。

财务会计：

借：工程物资　　1,000,000.00

　贷：财政拨款收入—项目支出—本年预算拨款—省财政专项投资　　1,000,000.00

预算会计：

借：事业支出—财政拨款支出—项目支出—A工程　　1,000,000.00

　贷：财政拨款预算收入—项目支出拨款—本年预算拨款—省财政专项投资

　　1,000,000.00

【6-2】 工程物资领用

2020年1月26日，B项目建设单位因水库建设需要领用该批物资800,000.00元。

依据审签手续、物资出库单等原始凭证，做会计分录如下。

财务会计：

借：在建工程—建筑安装工程投资—建筑工程　　800,000.00

　贷：工程物资　　800,000.00

预算会计不做处理。

【6-3】 工程物资转让

2020年7月20日，B项目建设单位将价值150,000.00元的物资折价转让给B单位，收到货款100,000.00元，不考虑税金。

依据发票、物资出库单、审签手续、产品清单、银行回单等原始凭证，做会计分录如下。

财务会计

借：银行存款 100,000.00

在建工程—待摊投资—器材处理损失 50,000.00

贷：工程物资 150,000.00

预算会计：

借：资金结存—货币资金 100,000.00

贷：事业支出—财政拨款支出—项目支出—A 工程 100,000.00

【6-4】 剩余工程物资

2020 年 11 月 16 日，B 项目建设单位的工程项目完工办理了竣工验收，将剩余工程物资 50,000.00 元转作本单位存货。

依据审签手续等原始凭证，做会计分录如下。

财务会计：

借：库存物品 50,000.00

贷：工程物资 50,000.00

预算会计不做处理。

第三节 其他会计核算制度相关要求

一、企业会计准则制度的相关要求

企业性质的项目建设单位，“工程物资”科目核算项目建设单位为基建工程、更新改造工程和大修理工程准备的各种物资的成本，包括工程用材料、尚未安装的设备以及为生产准备的工器具等需要再次加工建设的资产。

（1）“工程物资”科目应当按照“专用材料”“专用设备”“工具器具”等科目进行明细核算；项目建设单位购入不需要安装的设备，不在本科目核算。

（2）盘盈的工程物资，工程项目尚未完工的冲减在建工程项目，工程已经完工的计入营业外收入；盘亏、报废、毁损的工程物资，减去保险公司、过失人赔偿部分，工程项目尚未完工的计入在建工程项目，工程已经完工的计入营业外支出。

（3）工程物资发生减值准备的，应在本科目设置“减值准备”明细科目进行核算，也可以单独设置“工程物资减值准备”科目进行核算。

（4）工程物资可以采用计划成本和实际成本两种计价方法进行核算。采用计划成本的应选合理的方式对材料成本差异进行分摊，实际成本可采用加权平均计价法或个别计价法等方法计量材料成本。

（5）应交增值税按照财政部《企业会计制度》等进行会计核算。

二、《国有建设单位会计制度》的相关要求

执行《国有建设单位会计制度》的项目建设单位，采购在建工程所需要材料、设备通过“器材采购”“采购保管费”“库存设备”“库存材料”“ 委托加工器材”等科目进行核

算。个别大型自营建设单位，可以增设“低值易耗品”“周转材料”等科目，并将“库存材料”科目按照主要材料、结构件、其他材料等类别设置总账科目进行核算。

第四节　常见问题及重点关注

一、常见问题

（一）未定期进行财产物资清查

2×20 年 2 月，某项目建设单位账面反映钢筋 30 吨，经检查盘点，实际为 26 吨，且该单位自开工以来，该单位从未对工程物资进行过清查。

不符合《基本建设财务规则》第七条（三）“项目建设单位按照规定编制项目资金预算，根据批准的项目概（预）算做好核算管理，及时掌握建设进度，定期进行财产物资清查，做好核算资料档案管理”的要求。

（二）工程完工，自行变卖剩余物资

2×21 年 12 月，某项目建设单位物资管理人员未经公开程序，自行售卖仓库剩余的 3 吨水泥退库。

不符合《基本建设项目竣工财务决算管理暂行办法》第五条“……应变价处理的库存设备、材料以及应处理的自用固定资产要公开变价处理，不得侵占、挪用”的要求。

（三）工程完工后，未将剩余物资转作单位存货

2×22 年 12 月，某项目已完工，项目建设单位未将拟交付运行使用的剩余钢筋转作单位存货，相关成本仍在“工程物资”中反映。

不符合《政府会计制度》“工程物资”科目使用说明：“工程完工后，将剩余物资转作单位存货的，按照物资成本，借记：库存物品，贷记：工程物资”的要求。

二、重点关注

（一）工程物资采购

（1）工程物资采购计划是组织物资供应的主要依据，应严格按照工程设计要求的品种、规格、技术参数，并根据施工计划、施工进度和现场施工条件，编制具有前瞻性、准确性、科学性的采购计划及材料进场计划，如遇工程设计变更，要及时调整，确保工程物资符合工程施工需要。

（2）大宗材料采购实行竞价招标，批量和重要物资采购必须签订采购合同，明确供需各方的义务和权利，必要时要请专业人员对采购合同进行审查；特殊物资还需注重售后服务，可选择扣留质量保证金等方式以作约束，确保各类物资满足相关的质量标准。

（二）工程物资管理

（1）项目建设单位要严格执行工程物资、设备的出库制度，加强施工现场管理，对施工领用的物资进行日常性监督、检查、指导，督促施工方合理使用材料，严禁浪费、乱用、损坏发生。做好工程物资的现场盘点和余料回收工作，合理控制物资消耗。

（2）工程竣工后，项目建设单位要对剩余物资及废旧物资的质量、价值进行鉴定，对未使用的剩余物资办理材料等退库手续，需要出售的按规定流程处理。

第七章　建设支出核算

第一节　概　　述

一、支出的概念

水利基本建设支出是项目建设单位为完成既定的水利建设项目，所投入大量的人力、物力，从而发生各种各样的耗费，这些耗费统称为水利基本建设支出，包括“建筑安装工程投资”“设备投资”“待摊投资”“其他投资”“待核销基建支出”和“基建转出投资”。

水利基本建设支出通过“在建工程”及其所属各级明细科目归集核算。为系统反映建设项目支出结构，有效控制支出规模，全面考核投资效果，准确确认资产价值，“在建工程”科目下设“建筑安装工程投资”“设备投资”“待摊投资”“其他投资”“待核销基建支出”和“基建转出投资”等明细科目，并按照具体项目进行明细核算。

二、建设成本管理的要求

根据《基本建设项目建设成本管理规定》，基本建设成本包括“建筑安装工程投资”“设备投资”“待摊投资”和“其他投资”支出。

(一) 会计核算要求

会计核算是成本管理结果的反映，从管理的角度看，水利基本建设成本会计核算主要有以下要求。

1. 基本建设项目成本计算方法

从基本建设项目成本的组成看，凡为项目实体形成而发生的各种耗费和辅助性费用，全部纳入成本，所以基本建设项目应采用完全成本法计算成本。

从基本建设项目资金运动的特点来看，基本建设项目具有一次性投入的特点。建设资金运动一般经历资金进入、资金使用和资金冲转三个阶段，不发生资金的循环与周转，也不会产生资金的增值。在建设资金动态运动过程中，不需要计算资金的盈亏，也不能像企业会计核算一样，将不能计入特定核算对象的费用列为期间费用。因此，建设项目资金运动的特点也要求采用完全成本法计算建设成本。

2. 建设成本的确认基础

建设成本的确认基础是权责发生制。相对于预算会计的收付实现制，权责发生制在账务处理中以应收应付作为计算标准来确定本期收支的一种方法。权责发生制是指凡是当期已完成的工程建设进度或应当负担的费用，并已办理结算手续的，不论款项是否支付，都应作为当期的成本费用处理；凡是不属于当期的成本费用，即使款项已经在当期支付，也不得作为当期的成本费用。

根据权责发生制的原则，项目建设单位确认建设成本费用的主要依据是工程合同约定和工程进度价款结算的计量单据、支付审批单据及发票等。因此，项目建设单位在进行成本核算时，应注意以下三个方面的问题：一是对已完成的工作量，在履行必要的结算手续后，需要进行成本的计算和归集；二是支付承包单位的预付工程款和预付备料款，不在成本中反映；三是承包单位的质量保证金在预留时就已计入工程建设成本。

3. 建设成本的计量原则

建设成本的计量原则是历史成本原则，又称实际成本原则或原始成本原则，是指水利基本建设项目的各项购建支出，应当按发生时的实际成本计量。物价变动时，除国家另有规定外，账面的历史成本不得任意变更。

建设成本按历史成本计量的原则要求是：建设成本要合法、合规、真实、准确。在进行成本核算时，不得以计划成本、估计成本和预算成本代替实际成本。但是要注意两种例外情况：一是预计纳入建设成本的尾工工程投资和预留费用，为办理竣工财务决算的需要，这部分费用在计入成本时，并未实际发生，只能按预算价格和测算金额暂计入建设成本；二是接受捐赠、调入和盘盈的资产价值的确定，按照《政府会计准则第 1 号》规定，接受捐赠的，其成本按照有关凭据注明的金额加上相关税费、运输费等确定；没有相关凭据可供取得，但按规定经过资产评估的，其成本按照评估价值。无偿调入的存货，其成本按照调出方账面价值加上相关税费、运输费等确定。盘盈的存货，按规定经过资产评估的，其成本按照评估价值确定；未经资产评估的，其成本按照重置成本确定。

4. 建设成本核算对象的要求

建设成本核算首先需要确定成本核算对象，并按确定的成本核算对象归集费用，采取一定的计算方法计算其成本。

基本建设项目所形成产品的表现形式较为特殊，是最终交付生产使用单位的资产，主要包括水利基础设施、固定资产、流动资产和无形资产。因此，水利基本建设项目核算的对象是建设完工后移交的资产。确定建设成本核算对象应满足三个方面的要求：①移交资产的需要；②概预算分析考核的需要；③建设成本控制的需要。综合以上因素及有关制度要求，大型项目应以单位工程作为成本核算对象，中小型项目应以单项工程作为成本核算对象。

5. 建设成本核算内容

水利基本建设项目成本反映项目在建设过程中各种资金的耗费和费用的形成，是指计入交付使用资产价值的各项投资支出。工程建设成本是按照概算确定的内容和规模，通过招投标等方式确定施工承包单位，人、材、机等生产资料有机结合的产物。因此，成本核算的内容与概算项目划分以及招标文件的工程量清单关系密切。

（1）概算项目划分。根据水利工程性质，其工程项目分别按枢纽工程、引水工程和河道工程等划分，工程各部分下设一级、二级、三级项目。

（2）工程量清单。工程量清单是招标文件的组成部分，由分类分项工程量清单、措施项目清单、其他项目清单和零星工作项目清单组成。

分类分项工程量清单标明招标工程招标范围的全部分类分项工程名称、计量单位和相应数量；措施项目清单标明了为完成工程项目施工，发生于该工程施工前和施工过程中招标人不要求列示工程量并按总价结算的施工措施项目；其他项目清单主要体现了为完成工程项目施工，发生于该工程施工中招标人要求计列的费用项目；零星工作项目清单标明了对工程实施过程中可能发生的变更或新增加的零星项目。

根据《水利工程工程量清单计价规范》，水利建筑工程工程量清单项目，将水利建筑工程划分为土方开挖工程、石方开挖工程、土石方填筑工程等 14 类，将水利安装工程工程量清单项目划分为机电设备安装工程、金属结构设备安装工程和安全监测设备采购及安装工程 3 类。在此基础上，按工程部位、强度等级、材质以及型号规格等依序设置最末一级的分类分项工程项目。

措施项目清单是为保证工程建设质量、工期、进度、环保、安全和社会和谐而必须采取的措施，如：环境保护措施、文明施工措施、安全防护措施、小型临时工程、承包单位进退场费和大型施工设备安拆费等。凡属应由承包单位采取的必要措施项目均纳入措施项目清单。

其他项目清单仅列由招标人掌握，为暂定项目和可能发生的合同变更而预留的费用。

零星工作项目清单不计入总报价，是对工程实施过程中可能发生的变更或新增加的零星项目，列出人工、材料、机械的计量单位，不列出具体数量，由投标人填报单价。

分类分项工程量清单计价采用工程单价计价；措施项目清单以每一项措施项目为单位，按项计价；其他项目清单由招标人按估算金额确定；零星工作项目清单的单价由投标人确定。

计价的工程量清单是办理工程价款结算的直接依据。工程量清单与概算项目划分的关系对成本核算产生重大影响。分类分项工程量清单中的分类分项工程一般应与概算的三级项目直接对应。

掌握工程量清单与概算项目划分的关系的有效途径：一是成本核算人员参与招标文件的会审。通过会审，了解两者之间的对应关系。二是咨询招标文件编制人员或合同管理人员，在专业人员的帮助下，将所有的工程量清单项目还原至概算项目。

6. 建设成本管理的要求

（1）基本建设成本开支范围与界限。水利基本建设成本的核算内容明确了成本的开支范围，即“建筑安装工程投资”“设备投资”“待摊投资”“其他投资”等成本项目所发生的实际支出。

就具体建设项目而言，概预算的项目组成、项目划分、费用构成决定了项目的建设内容，也即确定了建设成本的开支范围。因此，确认某项支出是否计入成本的关键是看该支出是否符合概算所规定的内容。

在确定建设成本开支范围时，应划清资本性支出和收益性支出的界限。凡支出的效益和若干个会计年度相关的是资本性支出；凡支出的效益和一个会计年度或一个营业周期相关的是收益性支出。基本建设项目投入使用后，在其整个折旧期限内，都将发挥功能，基本建设支出是典型的资本性支出。因此，计入建设成本的都是资本性支出，收益性支出不得列入建设成本。

在确定建设成本开支范围时，应划清建设期内和建设期外费用支出。建设期内的费用计入成本，建设期外的费用不计入成本。

（2）项目建设管理费的范围和管理要求。项目建设管理费是指项目建设单位从项目筹建之日起至办理竣工财务决算之日止发生的管理性质的支出。包括：不在原单位发工资的工作人员工资及相关费用、办公费、办公场地租用费、差旅交通费、劳动保护费、工具用具使用费、固定资产使用费、招募生产工人费、技术图书资料费（含软件）、业务招待费、施工现场津贴、竣工验收费和其他管理性质开支。

项目建设单位应当严格执行《党政机关厉行节约反对浪费条例》，严格控制项目建设管理费。

项目建设管理费实行总额控制，分年度据实列支。总额控制数以项目审批部门批准的项目总投资（经批准的动态投资，不含项目建设管理费）扣除土地征用、迁移补偿等为取得或租用土地使用权而发生的费用为基数分档计算。财政部确定项目建设管理费总额控制数费率表的确定项目建设管理费的计算方法在基本建设项目中具有普遍性。鉴于水利基本建设项目的特殊性，水利基本建设项目相较于其他行业的基本建设项目受外界客观因素影响较多，如：征地拆迁、水文、地质和气象等影响，工程建设工期较长，故水利基本建设项目的建设管理费是按照初步设计批复的标准执行。

建设地点分散、点多面广、建设工期长以及使用新技术、新工艺等的项目，项目建设管理费确需超过上述开支标准的，中央级项目，应当事前报项目主管部门审核批准，并报财政部备案，未经批准的，超标准发生的项目建设管理费由项目建设单位用自有资金弥补；地方级项目，由同级财政部门确定审核批准的要求和程序。

施工人员津贴标准比照当地财政部门制定的差旅费标准执行；一般不得发生业务招待费，确需列支的，项目业务招待费支出应当严格按照国家有关规定执行，并不得超过项目建设管理费的5%。

（3）代建管理费的管理要求。政府设立（或授权）、政府招标产生的代建制项目，代建管理费由同级财政部门根据代建内容和要求，按照不高于本规定项目建设管理费标准核定，计入项目建设成本。

实行代建制管理的项目，一般不得同时列支代建管理费和项目建设管理费，确需同时发生的，两项费用之和不得高于规定的项目建设管理费限额。

建设地点分散、点多面广以及使用新技术、新工艺等的项目，代建管理费确需超过本规定确定的开支标准的，行政单位和使用财政资金建设的事业单位中央项目，应当事前报项目主管部门审核批准，并报财政部备案；地方项目，由同级财政部门确定审核批准的要求和程序。

代建管理费核定和支付应当与工程进度、建设质量结合，与代建内容、代建绩效挂钩，实行奖优罚劣。同时满足按时完成项目代建任务、工程质量优良、项目投资控制在批准概算总投资范围3个条件的，可以支付代建单位利润或奖励资金，代建单位利润或奖励资金一般不得超过代建管理费的10%，需使用财政资金支付的，应当事前报同级财政部门审核批准；未完成代建任务的，应当扣减代建管理费。

三、待核销基建支出的管理要求

待核销基建支出是项目建设单位发生的虽然构成基本建设投资完成额，但该项投资支出不计入基本建设工程的建造成本，也不计入交付使用资产价值，按照规定应予以核销。其管理要求如下：

（1）合规性要求：待核销基建支出的管理应符合基本建设财务规则和政府会计准则的规定。确保支出的合法性、合规性和合理性。

（2）控制性要求：建立有效的内部控制措施和方法，确保待核销基建支出的管理过程受到有效的控制和监督。

（3）资料完整性要求：待核销基建支出的管理应做到数据准确、资料完整。

四、基建转出投资的管理要求

基建转出投资是项目建设单位发生的构成基本建设投资完成额，但不计入交付使用资产成本，应该予以转出的投资支出。其管理要求如下：

（1）合规性要求：基建转出投资的管理应符合基本建设财务规则和政府会计准则的规定，确保支出的合法性、合规性。

（2）资料完整性要求：应做好相关转出手续办理，妥善保管移交文件或会议纪要等资料，确保资料的完整性。

第二节　建筑安装工程投资核算

一、建筑安装工程投资核算内容

（一）核算内容

建筑安装工程投资支出是指基本建设项目建设单位按照批准的建设内容发生的建筑工程和安装工程的实际成本。该明细科目应当设置“建筑工程”和“安装工程”两个明细科目进行明细核算。

按照《水利工程设计概（估）算编制规定》，主要为概算的第一部分，其工程项目分别按枢纽工程、引水工程和河道工程划分。建筑安装工程投资分为建筑工程费用和安装工程费用，其中安装工程费用又可分为机电设备安装工程费用和金属结构设备安装工程费用。

1. 建筑工程费用

建筑工程费用是指为完成各项建筑工程所耗的费用。具体如下：

（1）枢纽工程，指水利枢纽建筑物、大型泵站、大型拦河水闸和其他大型独立建筑物（含引水工程的水源工程）。包括挡水工程、泄洪工程、引水工程、发电厂（泵站）工程、升压变电站工程、航运工程、鱼道工程、交通工程、房屋建筑工程、供电设施工程和其他建筑工程。

（2）引水工程，指供水工程、调水工程和灌溉工程。包括渠（管）道工程、建筑物工程、交通工程、房屋建筑工程、供电设施工程和其他建筑工程。

（3）河道工程，指堤防修建与加固工程、河湖整治工程以及灌溉工程。包括河湖整治与堤防工程、灌溉及田间渠（管）道工程、建筑物工程、交通工程、房屋建筑工程、供电设施工程和其他建筑工程。

2. 安装工程费用

（1）机电设备安装工程费用。该费用是指为完成需要安装机电设备所耗的费用。具体如下：

1）枢纽工程，指构成枢纽工程固定资产的全部机电设备及安装工程。包括发电设备的安装（水轮机、发电机、主阀、起机、水力机械辅助设备、电气设备等的安装）、升压变电设备的安装（主变压器、高压电气设备、一次拉线等设备的安装）、公用设备的安装（通信设备、通风采暖设备、机修设备、计算机监控系统、工业电视系统、管理自动化系统等设备的安装）。

2）引水工程及河道工程，是指构成该工程固定资产的全部机电设备及安装工程。包括泵站设备的安装（水泵、电动机、主阀、起重设备、水力机械辅助设备、电气设备等设备的安装）、水闸设备的安装（电气一次设备及电气二次设备的安装）、电站设备的安装、供变电设备的安装和公用设备的安装。

3）灌溉田间工程包括首部设备的安装（过滤、施肥、控制调节、计量等设备的安装）、田间灌水设施的安装（田间喷灌、微灌等全部灌水设施的安装）。

（2）金属结构设备安装工程费用。该费用是指构成枢纽工程、引水工程及河道工程固定资产的全部金属结构设备的安装。包括闸门、启闭机、拦污设备、升船机、压力钢管制作等的安装工程费用。

该科目的设置应满足《水利基本建设项目竣工财务决算编制规程》的要求："大型工程应按概（预）算二级项目分析概（预）算执行情况；中型工程应按概（预）算一级项目分析概（预）算执行情况"。

（二）主要业务核算

"建筑安装工程投资"明细科目，核算水利基本建设项目建设单位发生的构成建设项目实际支出的建筑工程和安装工程的实际成本，不包括被安装设备本身的价值以及按照合同规定支付给施工单位的预付备料款和预付工程款。本明细科目应当设置"建筑工程"和"安装工程"两个明细科目进行明细核算。

"在建工程—建筑安装工程投资"科目涉及的经济业务事项包括：将固定资产等转入改建、扩建时；项目建设单位发包的建筑安装工程，办理进度结算工程价款时；自行施工小型建筑安装工程发生支出时；工程竣工验收交付使用时，分别进行会计核算。

1. 固定资产转入改建、扩建

将固定资产等资产转入改建、扩建等时，财务会计按照固定资产等资产的账面价值（净值），借记"在建工程—建筑安装工程投资"科目，按照已计提的折旧或摊销，借记"固定资产累计折旧"等科目，按照固定资产等资产的原值，贷记"固定资产"等科目，预算会计不做处理。

固定资产等资产改建、扩建过程中涉及替换（或拆除）原固定资产等某些组成部分的，财务会计应按照被替换（或拆除）部分的账面价值，借记"待处理财产损溢"科目，贷记"在建工程—建筑安装工程投资"科目，预算会计不做处理。

2. 工程进度价款结算

项目建设单位对于发包建筑安装工程，根据建筑安装工程价款结算账单与承包单位结算工程价款时，财务会计按照应承付的工程价款，借记"在建工程—建筑安装工程投资"相关明细科目，按照预付工程款余额，贷记"预付账款—预付工程款"，按照差额，贷记"财政拨款收入""银行存款""应付账款"等科目。预算会计应按扣除工程预付款后，实际补付的金额，借记“事业支出”及相关明细科目，贷记“财政拨款预算收入”“资金结存—货币资金”等科目。

3. 自建项目支出

项目建设单位自行施工的小型建筑安装工程，财务会计按照发生的各项支出金额，借记“在建工程—建筑安装工程投资”相关明细科目，贷记“工程物资”“财政拨款收入”“银行存款”“应付职工薪酬”等科目。预算会计按照支出时实际支付的款项，应借记“事业支出”相关明细，贷记“财政拨款预算收入”“资金结存—货币资金”等科目。

4. 竣工交付使用

水利基本建设项目工程竣工、待竣工验收手续办妥交付使用时，财务会计应当将建筑安装工程的成本（包括后文的待摊投资分摊额）转入相关资产成本，借记“固定资产”等科目，贷记“在建工程—建筑安装工程投资”相关明细科目。预算会计不做处理。

二、建筑安装工程投资核算案例

接续H省A水库基本建设项目案例如下：

【7－1】　主体建筑工程进度款会计核算

接续案例【5－8】，2019年7月3日，A水库建设运行中心与B单位签订2标段施工合同协议书，合同总价为208,000,000.00元。合同条款约定如下：

（1）工程预付款总额为签约合同价的10%，分2次支付给承包单位，14日内第一次支付预付款总额的40%，第二次支付预付款总额的60%；后续结算进度款时，自工程进度完成30%时开始扣预付款，直至完成70%时扣完。

（2）施工承包单位须开立农民工工资专用账户，每次结算进度款时，项目建设单位将结算款的20%直接转入承包单位农民工工资专用账户。

（3）预留合同总价的3%作为质量保证金（假设该案例收取履约保函已过期，且未开具延期履约保函）。

2021年7月，该工程累计完工进度已超过30%。A水库建设运行中心结算上月B公司工程进度款39,353,135.72元，其中：土石方工程32,755,261.70元，溢流坝金属结构—工作闸门205,919.12元，泄洪底孔金属结构—底孔检修134,177.96元，泄洪底孔金属结构—工作闸门510,809.63元，混凝土重力坝、土坝、混凝土坝连接段5,746,967.31元。

按照合同约定，工程进度完成30%后开始抵扣预付账款。本次抵扣预付账款总额的19%，即3,952,000.00元，在预留质量保证金1,180,594.07元后，实际支付33,046,000.00元，暂未支付1,174,541.65元。通过预算管理一体化管理体系，使用省级财政预算资金支付33,046,000.00元，其中7,870,627.14元转入农民工专款账户。

依据合同，承包单位提供的工程进度付款申请单、工程进度付款汇总表、已完工程量汇总表、工程计量报验单和价款结算发票，监理单位提供的工程进度款付款证书、工程进度付款审核汇总表和工程进度付款审核明细表，发包单位提供的工程价款结算支付单、银行回单等原始凭证，做会计分录如下。

财务会计：

借：在建工程—建筑安装工程投资—建筑工程—主体建筑工程—土石坝工程—土石方工程　　32,755,261.70

在建工程—建筑安装工程投资—安装工程—金属结构设备安装—溢流坝金属结构—工作闸门　205,919.12

在建工程—建筑安装工程投资—安装工程—金属结构设备安装—泄洪底孔金属结构—底孔检修　134,177.96

在建工程—建筑安装工程投资—安装工程—金属结构设备安装—泄洪底孔金属结构—工作闸门　510,809.63

在建工程—建筑安装工程投资—建筑工程—主体建筑工程—重力坝工程—混凝土坝连接段　5,746,967.31

贷：预付账款—预付工程款—A水库工程—B单位　3,952,000.00

长期应付款—应付质量保证金—A水库工程—B单位　1,180,594.07

财政拨款收入—项目支出—本年预算拨款—省财政专项投资　25,175,372.86

财政拨款收入—项目支出—本年预算拨款—省财政专项投资（农民工工资专用账户）　7,870,627.14

应付账款—应付工程款—A水库工程—B单位　1,174,541.65

预算会计：

借：事业支出—财政拨款支出—项目支出—A水库工程　33,046,000.00

贷：财政拨款预算收入—项目支出—本年预算拨款—省财政专项投资　25,175,372.86

财政拨款预算收入—项目支出—本年预算拨款—省财政专项投资（农民工工资专用账户）　7,870,627.14

【7-2】　房屋建筑工程进度款会计核算

2020年3月1日，A水库建设运行中心办理A水库工程建设项目基地建房工程进度款结算。该房屋建筑工程已全部完工，为合同价款的80%（进度结算款与支付款比例一致）。根据合同约定，工程全部完工后，工程进度款累计支付额应达合同价的90%，故本次应当支付合同价的10%，即3,209,666.60元，通过市级配套实拨资金支付。

依据房屋建筑工程合同，承包单位提供的工程款支付申请表、付款通知书、发票，监理单位提供的结算审签手续，发包单位提供的支付审批手续、工程款支付证书、银行回单等原始凭证，做会计分录如下。

财务会计：

借：在建工程—建筑安装工程投资—建筑工程—房屋建筑工程—管理区房屋　3,209,666.60

贷：银行存款　3,209,666.60

预算会计：

借：事业支出—非财政专项资金支出—项目支出—A水库工程　3,209,666.60

贷：资金结存—货币资金—银行存款　3,209,666.60

【7-3】　水土保持工程进度款结算

2020年3月6日，A水库建设运行中心办理A水库工程建设项目水土保持工程3标段进度款结算。根据合同规定，每次结算时预留结算价款的10%作为应付工程款。本次共结算4,253,621.09元，预留预扣款425,362.11元后，其余3,828,258.98元通过预算管理一体化管理体系，采用本年度省级财政预算资金支付。

依据水土保持工程合同，承包单位提供的发票、付款通知书、工程进度款支付申请表，监理单位提供的结算审签手续、已完工程量汇总表、工程计量报验单，发包单位提供的支付审批手续、工程进度款支付证书、银行回单等原始凭证，做会计分录如下。

财务会计：

借：在建工程—建筑安装工程投资—建筑工程—水土保持工程　　4,253,621.09

　贷：应付账款—应付工程款—A水库工程—B公司　　425,362.11

　　财政拨款收入—项目支出—本年预算拨款—省财政专项投资　　3,828,258.98

预算会计：

借：事业支出—财政拨款支出—项目支出—A水库工程　　3,828,258.98

　贷：财政拨款预算收入—项目支出—本年预算拨款—省财政专项投资

3,828,258.98

第三节　设备投资核算

一、设备投资核算内容

（一）核算内容

设备投资支出是指项目建设单位按照批准的建设内容发生的各种设备的实际成本（不包括工程抵扣的增值税进项税额），设备投资分为需安装设备、不需安装设备和工具、器具三个明细科目。

对应《水利工程设计概（估）算编制规定》的概算项目划分，设备投资的核算范围主要为概算的第二部分“机电设备及安装工程”，第三部分“金属结构设备及安装工程”。进一步细分核算内容，“设备投资”科目仅核算机电设备和金属结构的设备价值，其安装费在“建筑安装工程投资—安装工程”科目核算。

1. 需要安装设备

需要安装设备是指必须将其整体或几个部位装配起来，安装在基础上或建筑物支架上才能使用的设备。水利基本建设项目主要包括：一是机电设备，如水轮机、发电机、起重机、电气设备、主变压器、高压电器设备、通信设备、计算机监控、管理自动化、水情自动测报系统设备等；二是金属结构设备，如闸门设备、启闭机设备、拦污设备、升船机等设备。

2. 不需要安装设备

不需要安装设备是指不必固定在一定位置或支架上就可以使用的设备，如汽车、电脑等设备。

3. 工具、器具

为保证初期生产正常运行所必须购置不属于固定资产标准的生产工具、器具、仪表等的购置费。

（二）主要业务核算

“在建工程—设备投资”及明细科目涉及的经济业务事项通常包括：购入设备时；设备

安装完毕，办妥竣工验收交接手续时；将不需要安装设备和达不到固定资产标准的工具、器具交付使用时。设备投资分为不需安装设备、需安装设备和工具、器具三个明细科目。

1. 购入设备时

项目建设单位按照购入成本，财务会计借记“在建工程—设备投资”相关明细科目，贷记“财政拨款收入”“银行存款”等科目。预算会计按照支出时实际支付的款项，应借记“事业支出”及相关明细科目，贷记“财政拨款预算收入”“资金结存—货币资金”等科目。

采用预付工程款方式购入设备的，有关预付账款支付、抵扣的账务处理参照上述“在建工程—建筑安装工程投资”预付账款支付、抵扣的账务处理。

2. 竣工验收交付使用时

设备安装完毕，办妥竣工验收交接手续交付使用时，财务会计按照设备投资成本（含设备安装成本和分摊的待摊投资），借记“固定资产”等科目，贷记“在建工程—设备投资”和“在建工程—建筑安装工程投资—安装工程”及下级科目。预算会计不做处理。

3. 将不需要安装的设备和达不到固定资产标准的工具、器具交付使用时，财务会计按照相关设备、工具、器具的实际成本，借记“固定资产”“库存物品”科目，贷记“在建工程—设备投资”及下级科目。预算会计不做处理。

二、设备投资核算案例

接续H省A水库基本建设项目案例如下。

【7－4】 设备采购进度款会计核算

2020年6月20日，A水库建设运行中心办理A水库工程建设项目设备采购2标段工程款进度结算。2标段合同总价为11,622,000.00元。根据设备采购合同，先支付合同总价的30%为预付款，待完成工程量50%时，合计支付合同总价款的50%，同时抵扣全部预付款；待工程全部完工时，支付合同总价款的47%，剩余总价款的3%作为质量保证金。

本次进度款结算时，该工程已完工，应支付5,462,340.00元，其中：溢流坝金属结构—工作闸门3,971,500.00元，金属结构设备—其他305,500.00元，金属结构设备—北灌溉洞金属结构235,470.00元，南灌溉洞金属结构—进口检修216,670.00元，水电站金属结构—进口快速闸门733,200.00元。预留质量保证金348,660.00元后，实际支付B公司5,113,680.00元，通过预算管理一体化管理体系，采用本年度中央财政预算资金支付。

依据设备采购合同，承包单位提供的工程进度款付款申请单（工程进度付款汇总表、已完工程量汇总表、工程进度付款明细表、货物交接验收清单等）、发票，监理单位提供的工程进度付款证书（工程进度付款审核汇总表、工程进度付款审核明细表等），发包单位的设备付款通知单、银行回单等原始凭证，做会计分录如下。

财务会计：

借：在建工程—设备投资—需安装设备—金属

　　结构设备—溢流坝金属结构　　3,971,500.00

　　在建工程—设备投资—需安装设备—金属结构设备—其他　　305,500.00

　　在建工程—设备投资—需安装设备—金属结构设备—北灌溉洞金属结构

　　235,470.00

在建工程—设备投资—需安装设备—南灌溉洞金属结构—进口检修

216,670.00

在建工程—设备投资—需安装设备—金属结构设备安装—水电站金属结构—进口快速闸门　　733,200.00

贷：财政拨款收入—项目支出—本年预算拨款—中央预算内投资　　5,113,680.00

长期应付款—应付质量保证金—A 水库工程—B 公司　　348,660.00

预算会计：

借：事业支出—财政拨款支出—项目支出—A 水库工程　　5,113,680.00

贷：财政拨款预算收入—项目支出—本年预算拨款—中央预算内投资

5,113,680.00

【7-5】　购置信息化综合管理系统硬件的会计核算

2020 年 9 月 3 日，A 水库建设运行中心办理 A 水库工程建设项目信息化系统采购进度结算。本次结算 1,258,130.00 元，其中：管理自动化系统 1,227,070.00 元，防雷接地系统 10,835.00 元，消防设备 20,225.00 元。抵扣预付工程款 249,705.00 元后，实际支付 B 公司 1,008,425.00 元，采用本年度市级配套实拨资金支付。

依据设备采购合同，承包单位提供的工程进度款付款申请单（工程进度付款汇总表、已完工程量汇总表、工程进度付款明细表、货物交接验收清单等）、发票，监理单位提供的工程进度付款证书（工程进度付款审核汇总表、工程进度付款审核明细表等），发包单位的设备付款通知单、银行回单等原始凭证，做会计分录如下。

财务会计：

借：在建工程—设备投资—需安装设备—机电设备—公用设备—管理自动化系统　　1,227,070.00

在建工程—设备投资—需安装设备—机电设备—公用设备—防雷接地

10,835.00

在建工程—设备投资—需安装设备—机电设备—公用设备—消防设备

20,225.00

贷：预付账款—预付工程款—A 水库工程—B 公司　　249,705.00

银行存款　　1,008,425.00

预算会计：

借：事业支出—非财政专项资金支出—项目支出—A 水库工程　　1,008,425.00

贷：资金结存—货币资金—银行存款　　1,008,425.00

第四节　待摊投资核算

一、待摊投资核算内容

（一）核算内容

待摊投资支出是指项目建设单位按照批准的建设内容发生的，应当分摊计入相关资产价值的各项间接费用和税金支出。

按照《水利工程设计概（估）算编制规定》，概算的第四部分施工临时工程和第五部分独立费用与待摊投资会计科目核算内容联系较为密切。施工临时工程指为辅助主体工程施工所必须修建的生产和生活用临时性工程，分为导流工程、施工交通工程、施工场外供电工程、施工房屋建筑工程和其他施工临时工程。独立费用分为建设管理费、工程建设监理费、联合试运转费、生产准备费、科研勘测设计费和其他等六项组成。建设管理费应当按照更为具体的费用项目进行明细核算，购置符合固定资产标准的办公设备不在该科目核算。具体核算内容如下：

（1）勘察费、设计费、研究试验费、可行性研究费及项目其他前期费用。

（2）土地征用及迁移补偿费、土地复垦及补偿费、森林植被恢复费及其他为取得或租用土地使用权而发生的费用。

（3）土地使用税、耕地占用税、契税、车船税、印花税及按规定缴纳的其他税费。

（4）项目建设管理费、代建管理费、临时设施费、监理费、招标投标费、社会中介机构审查费及其他管理性质的费用。

（5）项目建设期间发生的各类借款利息、债券利息、贷款评估费、国外借款手续费及承诺费、汇兑损益、债券发行费用及其他债务利息支出或融资费用。

（6）工程检测费、设备检验费、负荷联合试车费及其他检验检测类费用。

（7）固定资产损失、器材处理亏损、设备盘亏及毁损、报废工程净损失及其他损失。

（8）系统集成等信息工程的费用支出。

（9）其他待摊投资性质支出。项目在建设期间的建设资金存款利息收入冲减债务利息支出，利息收入超过利息支出的部分，冲减待摊投资总支出。

（二）主要业务核算

“在建工程—待摊投资”及明细科目涉及的经济业务事项通常包括：发生构成待摊投资的各类费用时；建设过程中产生需要冲减成本的收入时；由于自然灾害、管理不善等原因造成的单项工程或单位工程报废或毁损时；资产交付使用前分配待摊费用时。

1. 发生构成待摊投资的各类费用时

项目建设单位发生构成待摊投资的各类费用，财务会计按照实际发生金额，借记“待摊投资”及明细科目，贷记“财政拨款收入”“银行存款”“应付利息”“长期借款”“其他应交税费”“固定资产累计折旧”“无形资产累计摊销”等科目。预算会计按照支出时实际支付的款项，借记“事业支出”及明细科目，贷记“财政拨款预算收入”“资金结存—货币资金”等科目。

2. 建设过程中产生需要冲减成本的收入时

按照取得的收入金额，财务会计借记“银行存款”等科目，按照依据有关规定应当冲减建设工程成本的部分，贷记“待摊投资”，按照其差额贷记“应缴财政款”或“其他收入”科目。预算会计按照对应冲减建设工程成本部分金额，借记“资金结存—货币资金”，贷记“事业支出”及明细科目，按照其差额贷记“其他预算收入”科目。

3. 由于自然灾害、管理不善等原因造成的单项工程或单位工程报废或毁损时

项目建设单位应扣除残料价值和过失人或保险公司等赔款后的净损失，报经批准后计入继续施工的工程成本的，财务会计按照工程成本扣除残料价值和过失人或保险公司等赔

款后的净损失，借记“待摊投资”及明细科目，按照残料变价收入、过失人或保险公司赔款等，借记“银行存款”“其他应收款”等科目，按照报废或毁损的工程成本，贷记“在建工程—建筑安装工程投资”及明细科目。预算会计按照实际收到的款项，借记“资金结存—货币资金”，贷记“事业支出”及明细科目。

4. 分配待摊投资时

按照合理的分配方法分配待摊投资，借记“在建工程—建筑安装工程投资/设备投资”科目，贷记“待摊投资”科目；预算会计不做处理。待摊投资分摊方法见本书第九章第五节部分。

二、待摊投资核算案例

接续 H 省 A 水库基本建设项目案例如下。

【7-6】 勘察费

2019 年 10 月 3 日签订环境保护勘察设计合同规定，合同总价款为 770,000.00 元，生效期 7 日内应当支付其中 40%，即 308,000.00 元，2019 年 10 月 8 日 A 水库建设运行中心结算并支付 40%价款，以银行存款支付。

依据勘测设计合同，根据承包单位（勘测设计单位）提供的付款申请、发票，发包单位的付款支付单、银行回单等原始凭证，做会计分录如下。

财务会计：

借：在建工程—待摊投资—勘察费 308,000.00

　贷：银行存款 308,000.00

预算会计：

借：事业支出—非财政专项资金支出—项目支出—A 水库工程 308,000.00

　贷：资金结存—货币资金—银行存款 308,000.00

【7-7】 设计费

2020 年 2 月 9 日，按照合同条款和工作进度，A 水库建设运行中心结算并支付 B 公司主体工程设计费 5,000,000.00 元，采用本年度中央财政预算资金，实行财政预算一体化支付方式。

依据设计合同，承包单位（设计单位）提供的付款申请、发票，发包单位的工程付款通知单、银行回单等原始凭证，做会计分录如下。

财务会计：

借：在建工程—待摊投资—设计费 5,000,000.00

　贷：财政拨款收入—项目支出—本年预算拨款—中央预算内投资 5,000,000.00

预算会计：

借：事业支出—财政拨款支出—项目支出—A 水库工程 5,000,000.00

　贷：财政拨款预算收入—项目支出—本年预算拨款—中央预算内投资

5,000,000.00

【7-8】 前期工作经费

2020 年 3 月 16 日，A 水库建设运行中心收到 H 省水利厅转来以前年度财政资金用于项目前期工作经费支出证明单据 2,000,000.00 元，A 水库建设运行中心将该项前期工作经费支出列入项目建设成本。

该项前期工作经费属于并账会计业务核算，依据H省水利厅转来费用支出证明单据、H水利厅的前期经费审计报告，做会计分录如下。

财务会计：

借：在建工程—待摊投资—前期费用　　2,000,000.00

　贷：累计盈余—以前年度盈余调整　　2,000,000.00

预算会计不作处理。

【7-9】　建设征地移民补偿费用

【7-9-1】　2020年3月17日，A水库建设运行中心向××县移民局支付建设征地移民补偿费200,000,000.00元，采用上一年度的中央财政预算资金支付。

依据建设征地移民补偿费安置协议，建设征地移民补偿年度实施计划、地方政府的支付申请、收款收据，监督评估单位提供的审核手续，发包单位的建设征地移民补偿费付款通知单、银行回单等原始凭证，做会计分录如下。

财务会计：

借：预付账款—预付工程款—××县移民局　　200,000,000.00

　贷：财政应返还额度—项目支出—中央预算内投资　　200,000,000.00

预算会计：

借：事业支出—财政拨款支出—项目支出—A水库工程　　200,000,000.00

　贷：资金结存—财政应返还额度　　200,000,000.00

【7-9-2】　2020年8月20日，A水库建设运行中心对××县移民局提交的征地移民工作进展及资金使用情况资料进行审核后，根据移民资金实际完成情况编报移民支出财务报表，确认完成投资。财务报表反映完成投资151,998,439.24元。全部金额通过抵扣预付款151,998,439.24元进行结算。

根据移民进度评估报告、地方政府编制的并经过监理评估单位审核的移民支出财务报表，做会计分录如下。

财务会计：

借：在建工程—待摊投资—土地征用及迁移补偿费　　151,998,439.24

　贷：预付账款—预付工程款—××县移民局　　151,998,439.24

预算会计不做处理。

【7-10】　保险公司索赔冲减的会计核算

2020年8月2日，发生汛期超标准洪水冲毁施工期临时围堰，A水库建设运行中心按照保险合同条款确认E保险公司赔款649,466.00元。当月，A水库建设运行中心收到E保险公司赔款649,466.00元。

依据保险合同，理赔单、收款收据、银行回单等原始凭证，做会计分录如下。

财务会计：

借：银行存款　　649,466.00

　贷：在建工程—待摊工程—临时围堰　　649,466.00

预算会计：

借：资金结存—货币资金—银行存款　　649,466.00

　贷：事业支出—财政拨款支出—项目支出—A 水库工程　　649,466.00

【7-11】　印花税

2020 年 9 月 18 日，A 水库建设运行中心签订一项总价款为 208,000,000.00 元的施工合同。根据规定，采用市级配套实拨资金缴纳印花税，金额为合同总价款的万分之三，即 62,400.00 元。

根据支付审签手续、税收缴款书、银行回单等原始凭证，做会计分录如下。

财务会计：

借：在建工程—待摊投资—印花税　　62,400.00

　贷：银行存款　　62,400.00

预算会计：

借：事业支出—非财政专项资金支出—项目支出—A 水库工程　　62,400.00

　贷：资金结存—货币资金—银行存款　　62,400.00

【7-12】　计算与发放外聘员工工资、缴纳社保和个人所得税

【7-12-1】　计算外聘员工工资

2020 年 10 月 10 日，A 水库建设运行中心确认本月外聘员工工资共计 96,575.60 元，应扣社会保险费 10,140.42 元，实发工资 86,435.18 元。

根据确认审签手续、工资明细表、工资计算说明等原始凭证，做会计分录如下。

财务会计：

借：在建工程—待摊投资—项目建设管理费—工资及补贴　　96,575.60

　贷：应付职工薪酬—工资　　86,435.18

　　　应付职工薪酬—社会保险费　　10,140.42

预算会计不做处理。

【7-12-2】　发放外聘员工工资

2020 年 10 月 10 日，A 水库建设运行中心确认发放外聘员工工资，通过预算管理一体化管理体系，采用中央财政预算资金支付。

根据支付审签手续、银行回单等原始凭证，做会计分录如下。

财务会计：

借：应付职工薪酬—工资　　86,435.18

　贷：财政拨款收入—项目支出—本年预算拨款—中央预算内投资　　86,435.18

预算会计：

借：事业支出—财政拨款支出—项目支出—A 水库工程　　86,435.18

　贷：财政拨款预算收入—项目支出—本年预算拨款—中央预算内投资　　86,435.18

【7-12-3】　缴纳社保费

2020 年 10 月 10 日，A 水库建设运行中心按照规定代缴员外聘工个人社会保险费，通过预算管理一体化管理体系，采用中央财政预算资金方式支付。

根据审签手续、社保费缴款书、银行回单等原始凭证，做会计分录如下。

财务会计：

借：应付职工薪酬—社会保险费　　10,140.42

　贷：财政拨款收入—项目支出—本年预算拨款—中央预算内投资　　10,140.42

预算会计：

借：事业支出—财政拨款支出—项目支出—A 水库工程　　10,140.42

　贷：财政拨款预算收入—项目支出—本年预算拨款—中央预算内投资　　10,140.42

【7-13】　会议费

2020 年 11 月 20 日，李某报销安全生产调度工作会议费用 30,803.00 元，以市级配套资金，通过银行存款转账支付。

根据经办人提供的会议费预算、会议通知、会议签到表、发票及费用原始明细单据、电子结算账单、报销审批单、银行回单等原始凭证，做会计分录如下。

财务会计：

借：在建工程—待摊投资—项目建设管理费—会议费　　30,803.00

　贷：银行存款　　30,803.00

预算会计：

借：事业支出—非财政专项资金支出—项目支出—A 水库工程　　30,803.00

　贷：资金结存—货币资金—银行存款　　30,803.00

【7-14】　办公用资产

2021 年 1 月 19 日，办公室报销鼠标、档案袋等办公费 2,456.69 元，采用银行存款支付。

根据经办人提供的发票、销售货物清单、资产验收入库单、报销票据审批单、银行回单等原始凭证，做会计分录如下。

财务会计：

借：在建工程—待摊投资—项目建设管理费—办公费　　2,456.69

　贷：银行存款　　2,456.69

预算会计：

借：事业支出—非财政专项资金支出—项目支出—A 水库工程　　2,456.69

　贷：资金结存—货币资金—银行存款　　2,456.69

【7-15】　临时设施费

2021 年 1 月 30 日，A 水库建设运行中心办理施工临时工程价款结算。B 公司上月完成进度 9,000,000.00 元，其中：上游围堰 6,000,000.00 元，下游围堰 2,000,000.00 元，场内临时道路 1,000,000.00 元。按合同约定抵扣预付工程款 3,000,000.00 元后，实际支付 B 公司 6,000,000.00 元，通过预算管理一体化管理体系，采用本年度省级财政预算资金支付。

依据施工合同，承包单位提供的工程进度款付款申请单（工程进度付款汇总表、已完工程量汇总表、工程进度付款明细表等）、发票，监理单位提供的工程进度付款证书（工程进度付款审核汇总表、工程进度付款审核明细表等），发包单位提供的工程付款通知单、银行回单等原始凭证，做会计分录如下。

财务会计：

借：在建工程—待摊投资—临时设施费—上游围堰　　6,000,000.00
　　在建工程—待摊投资—临时设施费—下游围堰　　2,000,000.00
　　在建工程—待摊投资—临时设施费—场内临时道路　　1,000,000.00
　贷：预付账款—预付工程款—A 水库工程—B 公司　　3,000,000.00
　　　财政拨款收入—项目支出—本年预算拨款—省财政专项投资　　6,000,000.00

预算会计：

借：事业支出—财政拨款支出—项目支出—A 水库工程　　6,000,000.00
　贷：财政拨款预算收入—项目支出—本年预算拨款—省财政专项投资
　　　6,000,000.00

【7-16】 法律咨询费

2021 年 2 月 20 日，A 水库建设运行中心与 B 事务所签订了法律顾问咨询合同，总价款为 30,000.00 元。合同约定，应当在签订后一个月内支付总价款的 20%，提交法律咨询报告后一个月内支付咨询报酬总额的 80%。2020 年 3 月，B 事务所提交了法律咨询报告，A 水库建设运行中心随后向其支付 24,000.00 元，款项通过银行存款支付。

依据法律顾问咨询合同，法律顾问公司（承包人）提供的付款申请、发票，发包单位提供的付款通知单、银行回单、政府采购手续等原始凭证，做会计分录如下。

财务会计：

借：在建工程—待摊投资—项目建设管理费—法律咨询费　　24,000.00
　贷：银行存款　　24,000.00

预算会计：

借：事业支出—非财政专项资金支出—项目支出—A 水库工程　　24,000.00
　贷：资金结存—货币资金—银行存款　　24,000.00

【7-17】 监理费

2021 年 3 月 11 日，A 水库建设运行中心与 B 公司签订了监理合同，合同条款规定监理服务酬金总额为 6,374,468.00 元。2021 年 11 月工程竣工。2021 年 12 月，A 水库建设运行中心结算并支付 B 公司剩余 20%监理费，即 1,274,893.60 元。款项通过预算管理一体化管理体系，采用本年度省级财政预算资金支付。

依据监理合同，监理单位提供的付款申请、发票，发包单位提供的付款通知单、银行回单等原始凭证，做会计分录如下。

财务会计：

借：在建工程—待摊投资—监理费　　1,274,893.60
　贷：财政拨款收入—项目支出—本年预算拨款—省财政专项投资　　1,274,893.60

预算会计：

借：事业支出—财政拨款支出—项目支出—A 水库工程　　1,274,893.60
　贷：财政拨款预算收入—项目支出—本年预算拨款—省财政专项投资
　　　1,274,893.60

【7-18】 结算支付银行借款利息（建议按季度计息）

【7-18-1】 接续案例【4-4】2021 年 12 月 21 日，A 水库建设运行中心结算当年

第4季度借款利息2,506,750.00元，该笔银行借款专用于A水库工程建设。

依据借款合同，银行提供的计息单，做会计分录如下。

财务会计：

借：在建工程—待摊投资—借款利息 2,506,750.00

贷：应付利息 2,506,750.00

预算会计不做处理。

【7-18-2】 2020年12月21日，A水库建设运行中心结算采用市级配套实拨资金支付当年第4季度银行借款利息2,506,750.00元。

依据借款合同，银行提供的计息单，发包单位提供的审签手续、银行回单等原始凭证，做会计分录如下。

财务会计：

借：在建工程—待摊投资—借款利息 2,506,750.00

贷：银行存款 2,506,750.00

预算会计：

借：事业支出—非财政专项资金支出—项目支出—A水库工程 2,506,750.00

贷：资金结存—货币资金—银行存款 2,506,750.00

【7-19】 工程检测费

2021年12月23日，A水库建设运行中心向B公司支付原材料和施工质量检测费用654,202.00元，采用银行存款支付。

依据工程检测合同，承包单位提供的发票、计量单据，发包单位提供的付款通知单、银行回单、政府采购手续等原始凭证，做会计分录如下。

财务会计：

借：在建工程—待摊投资—工程检测费 654,202.00

贷：银行存款 654,202.00

预算会计：

借：事业支出—非财政专项资金支出—项目支出—A水库工程 654,202.00

贷：资金结存—货币资金—银行存款 654,202.00

【7-20】 收到合同违约金的会计核算

【7-20-1】 2023年1月2日，根据竣工审计意见，土建承包单位施工1标工程项目应于2022年10月12日完工，该工程实际完工日期为2022年12月12日，与合同约定工期相比延误工期60天，按合同约定，每延误一天向发包单位支付违约金1000元。据此确认施工1标段承包单位C公司逾期完工违约金60,000.00元。该项逾期完工违约金冲减工程建设成本。

依据承包单位签字认可的审计定案表，做会计分录如下。

财务会计：

借：其他应收款—合同违约罚金—施工1标 60,000.00

贷：在建工程—建筑安装工程投资—建筑工程—土石坝工程 60,000.00

预算会计不做分录。

【7-20-2】 2023年2月，A水库建设运行中心收到承包单位转来逾期完工违约金60,000.00元。

依据审计意见、银行回单等原始凭证，做会计分录如下。

财务会计：

借：银行存款 60,000.00

贷：其他应收款—合同违约—施工1标 60,000.00

预算会计：

借：资金结存—货币资金—银行存款 60,000.00

贷：事业支出—财政拨款支出—项目支出—A水库工程 60,000.00

【7-21】 收到银行存款利息的会计核算参见第五章案例【5-2】。

第五节 其他投资核算

一、其他投资核算内容

（一）核算内容

其他投资支出是指项目建设单位按照批准的项目建设内容发生的房屋购置支出，基本畜禽、林木等的购置、饲养、培育支出，办公生活用家具、器具购置支出，软件研发及不能计入设备投资的软件购置等支出。

通过购买方式取得的房屋支出对应概算第一部分建筑工程中房屋建筑工程。软件研发和不能计入设备投资的软件购置，对应概算第二部分机电设备中的公用设备所含计算机监控、管理自动化和水情自动测报系统等。办公生活用家具、器具支出对应概算第五部分独立费中的建设管理费和生产准备费。主要内容如下：

（1）购置房屋，指建设单位购置的建设期间使用的办公房屋和为生产、使用部门购置的各种现成房屋。

（2）非生产用工器具，指建设单位为新建单位购置的办公、生活用家具、器具等。

（3）软件研发，水利基本建设项目软件研发和不能计入设备投资的软件购置。

（4）无形资产指建设单位为取得不具有实物形态的资产所支付的费用，其主要内容有：土地使用权转让金和土地使用权出让金、专利费、技术保密费。

（二）主要经济业务

“在建工程—其他投资”科目涉及的经济业务事项通常包括发生其他投资支出时以及资产交付使用时两个环节。

1. 发生其他投资支出时

项目建设单位为建设工程发生的房屋购置成本，基本畜禽、林木等的购置、饲养、培育成本，办公生活用家具、器具购置成本，软件研发和不能计入设备投资的软件购置等成本，财务会计按照实际发生金额，借记“在建工程—其他投资”及明细科目，贷记“财政拨款收入”“银行存款”等科目。预算会计按照支出时实际支付的款项，借记“事业支出”及明细科目，贷记“财政拨款预算收入”“资金结存—货币资金”等科目。

2. 资产交付使用时

工程完成将形成的房屋、基本畜禽、林木等各种财产以及无形资产交付使用时，财务会计按照其实际成本，借记“固定资产”“无形资产”等科目，贷记“在建工程—其他投资”及明细科目。预算会计不做处理。

二、其他投资核算案例

接续H省A水库基本建设项目案例如下。

【7-22】　办公用具会计核算

2019年7月17日，A水库建设运行中心与D公司签订办公桌椅购买合同，合同总价为288,668.00元。合同条款约定，签订合同后支付105,159.00元作为预付款，安装完成并验收合格后7日内支付183,509.00元，均通过预算管理一体化管理体系，采用省级财政预算资金支付。2019年10月11日，办公桌椅完成安装，并经有关科室验收合格，A水库建设运行中心向D公司支付剩余183,509.00元，并登记相关资产的台账。

依据办公桌椅购买合同，承包单位产品清单，发包单位资产验收入库单、验收意见、发票、付款通知单、银行回单等原始凭证，做会计分录如下。

财务会计：

借：在建工程—其他投资—办公生活用家具、器具　　288,668.00

　贷：预付账款—基建项目—预付工程款—D公司　　105,159.00

　　　财政拨款收入—项目支出—本年预算拨款—省财政专项投资　　183,509.00

预算会计：

借：事业支出—财政拨款支出—项目支出—A水库工程　　183,509.00

　贷：财政拨款预算收入—项目支出—本年预算拨款—省财政专项投资　　183,509.00

第六节　待核销基建支出与基建转出投资核算

一、待核销基建支出核算内容

待核销基建支出是项目建设单位发生的构成基本建设投资完成额中，不能计入基本建设工程的建造成本，但应该予以核销的投资支出。这部分投资支出和固定资产的建造没有直接联系，所以不计入交付使用的资产成本。待核销基建支出主要包括以下内容：

（1）建设项目发生的江河清障、航道清淤、飞播造林、补助群众造林、水土保持、城市绿化支出。财务会计按照实际发生金额，借记“在建工程—待核销基建支出”科目，贷记“财政拨款收入”“银行存款”等科目。预算会计按照支出时实际支付的款项，借记“事业支出”科目，贷记“财政拨款预算收入”“资金结存—货币资金”等科目。

（2）取消的建设项目发生的可行性研究费，财务会计按照实际发生金额，借记“在建工程—待核销基建支出”科目，贷记“在建工程—待摊投资”科目。预算会计不做处理。

（3）由于自然灾害等原因发生的建设项目整体报废所形成的净损失，经批准后转入待核销基建支出。财务会计按照项目整体报废所形成的净损失，借记“在建工程—待核销基建支出”科目；按照报废工程回收的残料变价收入、保险公司赔款等，借记“银行存款”“其他应收款”等科目；按照报废的工程成本，贷记“在建工程—建筑安装工程投资”科目。预算会计不做处理。

（4）建设项目竣工验收交付使用时，对发生的待核销基建支出进行冲销。财务会计借记“资产处置费用”科目，贷记“在建工程—待核销基建支出”科目。预算会计不做处理。

二、基建转出投资核算内容

基建转出投资是项目建设单位发生的构成基本建设投资完成额，但不计入交付使用的资产成本，这部分投资支出和固定资产的建造没有直接联系，应该予以转出的投资支出。

为建设项目配套而建成的、产权不归属本单位的专用设施，在项目竣工验收交付使用时，财务会计按照转出的专用设施的成本，借记“在建工程—基建转出投资”科目，贷记“在建工程—建筑安装工程投资”及明细科目；同时，借记“无偿调拨净资产”科目，贷记“在建工程—基建转出投资”科目。预算会计不做处理。

三、基建转出投资核算案例

接续H省A水库基本建设项目案例如下。

【7-23】 基建转出投资的会计核算

根据会议纪要与相关协议，已建的进场道路由交通运输部门负责运行管理，产权不归属本项目，应当移交至交通运输部门，具体转出投资表见表7-1。2023年2月15日，A水库建设运行中心结转进场道路实际成本23,194,940.07元。做会计分录如下。

财务会计：

借：在建工程—基建转出投资　23,194,940.07

　贷：在建工程—建筑安装工程投资—建筑工程—进场道路　23,194,940.07

借：无偿调拨净资产　23,194,940.07

　贷：在建工程—基建转出投资　23,194,940.07

预算会计不做分录。

表7-1　水利基本项目转出投资表

项目	金额/元	转出原因与依据
交通道路	23,194,940.07	依据《×××会议纪要》、基本建设财务规则第四十条规定，移交给C市交通局

第七节 支出的年末结转核算

一、会计核算内容

项目建设单位于年末，在财务会计方面，“在建工程”科目期末不需要进行结转，借方余额反映单位尚未完工的建设项目工程发生的实际成本。在预算会计方面，需将“事业支出”科目进行结转，在项目竣工财务决算经审计和财政部门批准后，财政拨款结余资金按照规定进行相应账务处理，具体如下：

“事业支出”科目年末结转，将“事业支出（基本建设项目）”本年发生额中的财政拨款支出转入财政拨款结转，借记“财政拨款结转—本年收支结转”科目，贷记“事业支出（基本建设项目）”科目下各财政拨款支出明细科目。本年收支结转如有余额，再将余额转入“财政拨款结转—累计结转”科目。完成结转后，应对财政拨款结转进行分析，按照有关规定将符合财政拨款结余性质的项目余额转入“财政拨款结余—结转转入”科目。

将事业支出（基本建设项目）科目本年发生额中的非同级财政拨款资金支出转入非财政拨款结转，借记“非财政拨款结转—本年收支结转”科目，贷记“事业支出（基本建设项目）”科目下各非财政拨款支出明细科目。本年收支结转如有余额，再将余额转入“非财政拨款结转—累计结转”科目。项目完成结转后，应对非财政拨款结转进行分析，按照有关规定将符合非同级财政拨款结余性质的项目余额转入“非财政拨款结余—结转转入”科目。

二、会计核算案例

【7－24】　预算支出年末结转

2020年末，A水库建设运行中心将事业支出进行结转，其中，属于财政拨款专项支出为349,950，000.00元，属于市级非同级财政拨款支出为65,000,000.00元。做会计分录如下。

预算会计：

借：财政拨款结转—本年收支结转　349,950，000.00
　　非财政拨款结转—本年收支结转　65,000,000.00
　贷：事业支出—财政拨款支出—项目支出—A水库工程　349,950，000.00
　　　事业支出—非财政专项资金支出—项目支出—A水库工程　65,000,000.00

借：财政拨款结转—累计结转—项目支出结转　349,950，000.00
　　非财政拨款结转—累计结转—项目支出结转　65,000,000.00
　贷：财政拨款结转—本年收支结转　349,950，000.00
　　　非财政拨款结转—本年收支结转　65,000,000.00

第八节　其他会计核算制度相关要求

一、企业会计准则制度相关要求

（一）会计核算内容

企业性质的项目建设单位在“在建工程”一级科目下设置“建筑工程”“安装工程”“在安装设备”和“待摊支出”四个二级科目及其下级科目，并根据需要进行单位往来和项目辅助核算。

1. 建筑工程

“建筑工程”主要核算项目建设单位按照批准的建设内容发生的构成建筑工程支出的

实际成本。

（1）对于发包建筑工程，项目建设单位进行工程进度价款结算时，根据建筑安装工程价款结算账单与施工企业结算工程价款，借记“在建工程—建筑工程”相关明细科目，按照预付工程款余额，贷记“预付账款—预付基建项目款—预付工程款”科目，按照差额，贷记“银行存款”“应付账款”等科目。

（2）对于自建项目支出，项目建设单位自行施工的小型建筑工程，按照发生的各项支出金额，借记“在建工程—建筑工程”相关明细科目，贷记“工程物资”“银行存款”“应付职工薪酬”等科目。

（3）项目竣工交付使用时，待竣工验收手续办妥交付后，应当将“建筑工程”的成本（含应分摊的待摊支出）转入相关资产成本，借记“固定资产”等科目，贷记“在建工程—建筑工程”相关明细科目，同时，借记“专项应付款”科目，贷记“资本公积”科目。

2. 安装工程

“安装工程”主要核算项目建设单位按照批准的建设内容发生的构成安装工程支出的实际成本。

（1）对于发包安装工程，水利基本建设项目建设单位进行工程进度价款结算时，根据安装工程价款结算账单与施工企业结算工程价款，借记“在建工程—安装工程”相关明细科目，按照预付工程款余额，贷记“预付账款—预付基建项目款—预付工程款”科目，按照差额，贷记“银行存款”“应付账款”等科目。

（2）对于自建项目支出，水利基本建设项目建设单位自行施工的小型建筑工程，按照发生的各项支出金额，借记“在建工程—安装工程”相关明细科目，贷记“工程物资”“银行存款”“应付职工薪酬”等科目。

（3）项目竣工交付使用时，待竣工验收手续办妥交付后，应将“安装工程”的成本（含应分摊的待摊支出）转入相关资产成本，借记“固定资产”等科目，贷记“在建工程—安装工程”相关明细科目，同时，借记“专项应付款”科目，贷记“资本公积”科目。

3. 在安装设备

“在安装设备”是指项目建设单位按照批准的建设内容发生的在安装设备的实际成本（不包括工程抵扣的增值税进项税额），该项设备必须将其整体或几个部位装配起来，安装在基础上或建筑物支架上才能使用的设备。“在安装设备”主要包括：机电设备工程费用和金属结构设备工程费用，其中机电设备工程费用包括发电设备、升压变电设备和公用设备等机电设备的费用；金属结构设备工程费用包括闸门、启闭机、拦污设备、升船机、压力钢管制作等的费用。

（1）按照有关规定，在安装设备必须符合以下三个条件，才能作为“正式开始安装”，计算基本建设实际支出：一是设备的基础和支架已经完成；二是安装设备所必需的图纸资料已经具备；三是设备已经运到安装现场，开箱检验完毕，吊装就位，并继续进行安装。要安装设备领用出库交付安装时，根据设备出库凭证，借记“在安装设备”科目，贷记“工程物资”科目。年终时，应对领用出库的设备进行清查，凡不符合上述三个条件的设备，应办理假退库手续，用红字借记“在安装设备”科目，贷记“工程物资”科目；下年度开始时，再用蓝字重做同样的分录，登记入账。

（2）在安装设备安装完毕，试车合格后，应办理竣工验收交接手续，交付使用单位，应当将在“在安装设备”的成本（含应分摊的待摊支出）转入相关资产成本，借记“固定资产”等科目，贷记“在建工程—在安装设备”相关明细科目，同时，借记“专项应付款”科目，贷记“资本公积”科目。

（3）本科目应按单项工程和设备、工具、器具的类别、品名、规格等进行明细核算。

除此之外，建设期间购入的不需要安装的设备、为生产准备的工具器具、购入的无形资产分别在“固定资产”“工程物资”“无形资产”科目中核算，不在“在建工程”科目中核算。

4. 待摊支出

“待摊支出”指项目建设单位按照批准的建设内容发生的，应当分摊计入相关资产价值的各项费用和税金支出。主要包括：勘察费、设计费、研究试验费、可行性研究费及项目其他前期费用；土地征用及迁移补偿费、土地复垦及补偿费、森林植被恢复费及其他为取得或租用土地使用权而发生的费用；土地使用税、耕地占用税、契税、车船税、印花税及按规定缴纳的其他税费；项目建设管理费、代建管理费、临时设施费、监理费、招标投标费、社会中介机构审查费及其他管理性质的费用；项目建设期间发生的各类借款利息、债券利息、贷款评估费、国外借款手续费及承诺费、汇兑损益、债券发行费用及其他债务利息支出或融资费用；工程检测费、设备检验费、负荷联合试车费及其他检验检测类费用；固定资产损失、器材处理亏损、设备盘亏及毁损、报废工程净损失及其他损失；系统集成等信息工程的费用支出；其他待摊投资性质支出。

项目在建设期间的建设资金存款利息收入冲减债务利息支出，利息收入超过利息支出的部分，冲减待摊投资总支出。

（1）项目建设单位发生上述各种费用性支出时，借记“待摊支出”科目，贷记“银行存款”“现金”“专项应付款”“长期借款”等科目。

（2）在工程竣工交付时，按照交付使用资产和在建工程的比例进行分摊，借记“在建工程—建筑工程”“在建工程—安装工程”“在建工程—在安装设备”科目，贷记“待摊支出”科目。

（3）本科目应设三级科目进行费用支出明细核算，其中建设单位管理费，还应设置四级科目按费用支出的经济分类进行明细核算。

5. 其他基建支出备查簿

项目建设单位应设置“其他基建支出备查簿”，专门登记基建项目发生的构成项目概算内容但不通过“在建工程”科目核算的其他支出，包括按照建设项目概算内容购置的不需要安装设备、现成房屋以及无形资产等。企业在发生上述支出时，应通过“固定资产”和“无形资产”科目核算，但同时应在“其他基建支出备查簿”科目中进行登记。

（二）案例

【7-25】 结算工程款：

A项目建设单位为国有独资企业集团，执行企业会计制度。2×22年3月，土建工程施工承包单位向A项目建设单位申请办理×水库工程建设项目挡水坝混凝土浇筑施工工程进度款结算，经监理单位审核，发包单位核定，本次结算工程款15,000,000.00元，应交增值税 1,350,000.00 元（工程建筑增值税按 9%核算）。做会计分录如下。

借：在建工程—建筑工程—主体建筑工程—挡水坝工程　　15,000,000.00
　　应交税费—应交增值税（进项税额）　　1,350,000.00
　贷：应付账款—应付工程款—××工程公司　　16,350,000.00

2022 年 4 月，A 项目建设单位支付上述工程款，本次抵扣预付款 1,682,000.00 元，再预留质量保证金 450,000.00 元（质量保证金按 15,000,000.00×3%）后，实际采用银行存款支付 14,218,000.00 元。

依据工程施工合同，承包单位提供的工程进度款付款申请单（附件：工程进度付款汇总表、已完工程量汇总表、工程进度付款明细表等）、增值税发票，监理单位提供的工程进度付款证书（附件：工程进度付款审核汇总表、工程进度付款审核明细表等），发包单位提供的工程付款通知单、银行回单等原始凭证，做会计分录如下。

借：应付账款—应付工程款—××工程公司　　16,350,000.00
　贷：预付账款—预付工程款—××工程公司　　1,682,000.00
　　长期应付款—质量保证金—××工程公司　　450,000.00
　　银行存款　　14,218,000.00

【7-26】　结算设备款

A 项目建设单位为国有独资企业集团，执行企业会计制度。2×22 年 7 月，水力发电及机械设备承包单位向 A 项目建设单位申请结算水力发电及机械设备制造进度款，经监理单位审核，发包单位核定，本次结算水力发电及机械设备款 56,500,000.00 元，增值税进项税额 7,345,000.00 元（设备增值税率 13%），采用银行存款转账支付。

依据设备采购合同，供货人提供的工程进度款付款申请单（附件：工程进度付款汇总表、已完工程量汇总表、工程进度付款明细表、货物交接验收清单等）、增值税发票，监理单位提供的工程进度付款证书（附件：工程进度付款审核汇总表、工程进度付款审核明细表等），采购人提供的设备付款通知单、银行回单等原始凭证，做会计分录如下。

借：在建工程—在安装设备—水力发电及机械设备　　56,500,000.00
　　应交税费—应交增值税—进项税额　　7,345,000.00
　贷：银行存款　　63,845,000.00

二、《国有建设单位会计制度》相关要求

基本建设支出设置“建筑安装工程投资”“设备投资”“待摊投资”“其他投资”“待核销基建支出”和“转出投资”会计科目。

（一）建筑安装工程投资

本科目核算项目建设单位发生的构成基本建设实际支出的建筑工程和安装工程的实际成本，不包括被安装设备本身的价值及按照合同规定付给施工企业的预付备料款和预付工程款。

（1）建筑工程实际成本包括：

1）枢纽工程，指水利枢纽建筑物、大型泵站和其他大型独立建筑物（含引水工程的水源工程）费用。

2）引水工程，指供水工程、调水工程和灌溉工程费用。

3）河道工程，指堤防修建与加固工程、河湖整治工程以及灌溉工程费用。

（2）安装工程实际成本包括：

1）机电设备安装费用，该费用是指为完成需要安装机电设备所耗的费用，包括水利发电设备的安装（水轮机、发电机、主阀、起机、水力机械辅助设备、电气设备等的安装）、升压变电设备的安装和公用设备的安装等费用。

2）金属结构设备安装费用，该费用是指构成枢纽工程、引水工程及河道工程固定资产的全部金属结构设备的安装费用。包括闸门、启闭机、拦污设备、升船机、压力钢管制作等的安装工程费用。

（3）项目建设单位根据承包单位提出的“工程价款结算账单”承付的工程价款，借记“建筑安装工程投资”科目，贷记“应付工程款”科目；将预付的备料款和工程款扣减应付工程款，借记“应付工程款”科目，贷记“预付备料款”“预付工程款”科目。项目建设单位自行施工的小型工程，发生的各项成本，可以直接在本科目核算，借记本科目，贷记“库存材料”“银行存款”“现金”“应付工资”“基建投资借款”等科目。发生需要分摊的施工管理费，可在本科目下设置“施工管理费”明细科目进行核算，月终再分摊计入核算对象。

（4）工程竣工，办妥竣工验收交接手续交付使用单位时，借记“交付使用资产”科目，贷记“建筑安装工程投资”科目。经批准的报废工程，借记“待摊投资”科目，贷记“建筑安装工程投资”科目。

项目建设单位按规定报经上级批准有偿移交给其他单位继续施工的尾工工程，借记“应收有偿调出器材及工程款”科目，贷记本科目。

项目建设单位为项目配套而建造专用设施所发生的投资，专用设施包括专用铁路线、专用公路、专用通讯设施、送变电站、地下管道、专用码头等。建造专用设施发生投资时，借记“建筑安装工程投资”科目，贷记“银行存款”“库存材料”等科目，专用设施完工后，应分别按下列情况进行处理：非经营性项目建造的产权不归属本单位的专用设施，计入转出投资，借记“转出投资”科目，贷记“建筑安装工程投资”科目，产权归属本单位的专用设施，作为固定资产交付，借记“交付使用资产—固定资产”科目，贷记“建筑安装工程投资”科目；经营性项目建造的产权不归属本单位的专用设施，作为无形资产交付，借记“交付使用资产—无形资产”科目，贷记“建筑安装工程投资”科目，产权归属本单位的专用设施，作为固定资产交付，借记“交付使用资产—固定资产”科目，贷记“建筑安装工程投资”科目。

（5）本科目应设置“建筑工程投资”和“安装工程投资”两个明细科目，并按单项工程和单位工程进行明细核算。有预收下年预算拨款的建设单位，用预收下年度预算拨款完成的建筑安装工程投资，应单独进行明细核算。

（二）设备投资

本科目核算项目建设单位发生的构成基本建设实际支出的各种设备的实际成本，包括交付安装的需要安装设备、不需要安装设备和为生产准备的不够固定资产标准的工具、器具的实际成本。

（1）需要安装设备。需要安装设备是指必须将其整体或几个部位装配起来，安装在基础上或建筑物支架上才能使用的设备。主要包括水轮机、发电机、起重机、电气设备、主变压器、高压电器设备、水情自动测报系统设备、闸门、启闭机、升船机等。

（2）不需要安装设备。不需要安装设备是指不必固定在一定位置或支架上就可以使用的各种设备，如汽车、电脑、摄像机和照相机等设备。

（3）按照有关规定，需要安装设备必须符合以下三个条件，才能作为“正式开始安装”，计算基本建设实际支出：设备的基础和支架已经完成；安装设备所必需的图纸资料已经具备；设备已经运到安装现场，开箱检验完毕，吊装就位，并继续进行安装。要安装设备领用出库交付安装时，根据设备出库凭证，借记“设备投资”科目，贷记“库存设备”科目。年终时，应对领用出库的设备进行清查，凡不符合上述三个条件的设备，应办理假退库手续，用红字借记“设备投资”科目，贷记“库存设备”科目；下年度开始时，再用蓝字重作同样的分录，登记入账。

按照有关规定，不需要安装的设备和工具、器具到达建设单位仓库（或指定地点），并经验收合格，就可计算基本建设实际成本，根据设备入库凭证，按照设备的实际成本，借记“设备投资”科目，贷记“器材采购”科目。如果购入的不需要安装设备和工具、器具直接交付使用单位时，也应通过本科目核算，视同入库，借记“设备投资”科目，贷记“器材采购”科目，并同时办理出库手续，借记“交付使用资产”科目，贷记“设备投资”科目。

需要安装的设备安装完毕，试车合格后，应办理竣工验收交接手续，交付使用单位，借记“交付使用资产”科目，贷记“设备投资”科目。不需要安装设备和工具、器具交付使用时，根据设备出库凭证，借记“交付使用资产”科目，贷记“设备投资”科目。上述两项业务，如用基建投资借款完成的，应同时借记“应收生产单位投资借款”科目，贷记“待冲基建支出”科目。

（4）本科目应设置“在安装设备”“不需要安装设备”和“工具及器具”三个明细科目，并按单项工程和设备、工具、器具的类别、品名、规格等进行明细核算。用预收下年度预算拨款完成的设备投资，应单独进行明细核算。

（三）待摊投资

本科目核算项目建设单位发生的构成基本建设实际发生的、按照规定应当分摊计入交付使用资产成本的各项费用支出。本科目应根据各单位具体情况设置以下明细科目进行核算：建设单位管理费、土地征用及迁移补偿费、勘察设计费、研究试验费、可行性研究费、临时设施费、设备检验费、负荷联合试车费、坏账损失、借款利息、合同公证及工程质量监测费、企业债券利息、土地使用税、汇兑损益、国外借款手续费及承诺费、报废工程损失、耕地占用税、土地复垦及补偿费、固定资产损失、器材处理亏损、设备盘亏及毁损、调整器材调拨价格折价、企业债券发行费用、信息系统集成和其他待摊投资。

项目建设单位发生上述各种费用性支出，借记“待摊投资”科目，贷记“零余额账户用款额度”“银行存款”“现金”“基建投资借款”等科目。上述各种待摊投资，应在工程竣工交付时，按照交付使用资产和在建工程的比例进行分摊，借记“交付使用资产”科目，贷记“待摊投资”科目。

本科目应按上述明细科目进行明细核算，其中有些费用（如建设单位管理费等），还应按费用项目进行明细核算。用预收下年度预算拨款完成的待摊投资，应单独进行明细核算。

（四）其他投资

本科目核算项目建设单位发生的构成基本建设实际成本的房屋购置和办公生活用家具、器具购置支出以及取得各种无形资产发生的成本。

发生上述各项投资，借记“其他投资”科目，贷记“零余额账户用款额度”“银行存款”“基建投资借款”等科目。房屋和办公生活用家具、器具购置等各种财产以及无形资产、递延资产交付或结转生产、使用单位时，借记“交付使用资产”科目，贷记“其他投资”科目。实行基本建设投资借款的建设单位，还应同时借记“应收生产单位投资借款”科目，贷记“待冲基建支出”科目。

经营性项目和非经营性项目为购置产权不归属本单位但拥有使用权的统建住房而拨付给统建单位的投资。产权归属本单位的，应视同出包工程，通过“预付工程款”“建筑安装工程投资”“应付工程款”等科目核算，不在本科目核算。建设单位拨付统建单位投资时，借记“其他投资—无形资产”科目，贷记“银行存款”科目。工程完工交付使用时，借记“交付使用资产”科目，贷记“其他投资—无形资产”科目。工程完工交付后，应于下年初进行冲销，借记“基建拨款—以前年度拨款”“项目资本”“待冲基建支出”等科目，贷记“交付使用资产”科目。

本科目应设置“房屋购置”“办公生活用家具、器具购置”“可行性研究固定资产购置”和“无形资产”明细科目，并再按资产类别进行明细核算。用预收下年度预算拨款完成的其他投资，应单独进行明细核算。

（五）待核销基建支出

本科目核算非经营性项目发生的江河清障、航道清淤、飞播造林、补助群众造林、水土保持、城市绿化、取消项目的可行性研究费以及项目报废等不能形成资产部分的投资。形成资产部分的上述投资，不在本科目核算，应在“建筑安装工程投资”等科目核算。非经营性项目发生的江河清障、航道清淤、飞播造林、补助群众造林、水土保持、城市绿化等投资，借记“待核销基建支出”科目，贷记“银行存款”等科目。取消的项目发生的可行性研究费，借记“待核销基建支出”科目，贷记“待摊投资—可行性研究费”科目。由于自然灾害等原因发生的项目整体报废所形成的净损失，报经批准后，借记“待核销基建支出”科目，贷记“建筑安装工程投资”等科目。发生的待核销基建支出，应在下年初进行冲销，借记“基建拨款—以前年度拨款”等科目，贷记“待核销基建支出”科目。本科目应按投资的类别设置明细账进行明细核算。

（六）转出投资

本科目核算非经营性项目为项目配套而建成的、产权不归属本单位的专用设施的实际成本。非经营性项目建造的产权不归属本单位的专用设施，在完工时，借记“转出投资”科目，贷记“建筑安装工程投资”科目。发生的转出投资应在下年初进行冲销，借记“基建拨款—以前年度拨款”等科目，贷记“转出投资”科目。本科目应按转出投资的类别设置明细账进行明细核算。

第九节　常见问题及重点关注

一、常见问题

（一）超过批准建设内容发生的支出，违规列入建设成本

2×20年1月，某项目建设单位在城市防洪工程成本中，超过批准建设内容，违规列支概算外项目建设费120万元。

不符合《基本建设财务规则》第九条“财政资金管理应当遵循专款专用的原则，严格按照批准的项目预算执行，不得挤占挪用”及第二十二条“项目建设单位应当严格控制建设成本的范围、标准和支出责任，以下支出不得列入项目建设成本：（一）超过批准建设内容发生的支出……”的规定。

（二）不符合合同协议的支出，违规列入建设成本

2×20年3月，某项目建设单位与承包单位签订水土保持措施和附属等工程建设的合同，合同约定承包单位完成水土保持措施和附属等工程建设后，支付相应工程款。项目建设单位在承包单位尚未完成合同约定的水土保持措施和部分附属等工程的情况下，支付其相应的工程款55万元；同时在项目尚未竣工验收的情况下，违反《工程项目设计（施工图阶段）合同》的约定，提前支付设计合同尾款10万元。

不符合《基本建设财务规则》第二十二条“项目建设单位应当严格控制建设成本的范围、标准和支出责任，以下支出不得列入项目建设成本……（二）不符合合同协议的支出……”及第二十八条“项目建设单位应当严格按照合同约定和工程价款结算程序支付工程款”的规定。

（三）非法收费和摊派支出，违规列入建设成本

2×20年3月，某项目建设单位在项目中成本中，违规列支治安协调费10万元。

不符合《基本建设财务规则》第二十二条“项目建设单位应当严格控制建设成本的范围、标准和支出责任，以下支出不得列入项目建设成本……（三）非法收费和摊派……”的规定。

（四）应由承包单位（供货单位）造成的工程损失，违规列入建设成本

2×21年6月，某项目建设单位在项目建设成本中，违规列支应由承包单位（供货单位）因产品质量原因造成的工程损失17万元。

不符合《基本建设财务规则》第二十二条“项目建设单位应当严格控制建设成本的范围、标准和支出责任，以下支出不得列入项目建设成本……（五）因设计单位、施工单位、供货单位等原因造成的工程报废等损失，以及未按照规定报经批准的损失……”的规定。

（五）工程建设成本列报不真实、不完整

2×21年7月，某工程监理单位、项目建设单位审定，承包单位土建工程合同累计完成工程进度款85,733.00万元，而财务账面仅反映投资完成投资为73,850.00万元，两者之间相差17,146.60万元。经核对，系项目建设单位预留承包单位已完工程进度款20%暂未支付，金额为17,146.60万元，尚未列入项目建设成本，致使工程建设成本列报不真

实、不完整。

不符合《基本建设财务规则》第二十一条“建设成本是指按照批准的建设内容由项目建设资金安排的各项支出，包括建筑安装工程投资支出、设备投资支出、待摊投资支出和其他投资支出。建筑安装工程投资支出是指项目建设单位按照批准的建设内容发生的建筑工程和安装工程的实际成本”的要求。也不符合《会计基础工作规范》第三十七条“第三十七条 各单位发生的下列事项，应当及时办理会计手续、进行会计核算……（五）收入、支出、费用、成本的计算；（六）财务成果的计算和处理；（七）其他需要办理会计手续、进行会计核算的事项”的规定。

（六）项目前期工作经费未列入项目建设成本

2×21 年 5 月，项目建设单位收到当年投资计划文件时，该文件明确将已批复河道治理工程 2×17 年 9 月安排的前期工作投资计划 300 万元并入该项目累计下达投资计划，需列入项目建设成本，而该项目建设单位未将财政资金已用于该项目前期工作经费的 300 万元列入项目建设成本。

不符合《基本建设财务规则》第二十三条“财政资金用于项目前期工作经费部分，在项目批准建设后，列入项目建设成本”的要求。

（七）不属于本项目应当负担的支出，违规列入建设成本

2×22 年 9 月，某项目试运行期间实现收入 20 万元，相应发生试运行期间人工费、材料费等支出 5 万元，项目建设单位违规列入了项目建设成本。

不符合《基本建设财务规则》第二十二条“项目建设单位应当严格控制建设成本的范围、标准和支出责任，以下支出不得列入项目建设成本……（七）其他不属于本项目应当负担的支出”的要求。

（八）取得的利息收入未冲减投资支出

某项目建设单位专项债券资金利息收入共计 3,787.67 元，在核算时，在“累计盈余”科目记入 1,933.33 元、在“其他收入”科目记入 1,854.34 元，未按规定冲减该工程的“待摊投资”支出。

不符合《基本建设项目建设成本管理规定》第四条“项目在建设期间的建设资金存款利息收入冲减债务利息支出，利息收入超过利息支出的部分，冲减待摊投资总支出”的规定。

二、重点关注

（一）建筑安装工程投资核算

（1）建立健全会计处理程序制度，明确成本归集、会计核算和会计稽核的程序和方法。

（2）该科目不包括被安装设备本身的价值，以及按照合同规定支付给承包单位的预付备料款和预付工程款。

（3）超过批准建设内容发生的支出；不符合合同协议的支出；无发票或者发票项目不全、无审批手续、无责任人员签字的支出；其他不属于本项目应当负担的支出不得列入建设成本。

（4）建立工程价款支付情况明细台账，翔实记录每次结算金额和支付金额，便于财务部门与合同管理部门对账。

(5) 在支付工程进度款时，承包单位须提供税务发票，承包单位名称和账号要与所签订的合同一致，如有变更，应出具其法人公章、法定代表人签字的书面证明。

(6) 在签订施工承包合同时，必须要求承包单位提供不超过合同总价款10%的履约保函，退还履约保函时要按照合同规定的条款办理，对过期的履约保函，要求承包人及时办理延期履约保函，或预留工程质量保证金。

(7) 严格按照工程初步设计文件和合同约定的工程量清单确定的范围、建设内容和标准确认完成工程量和结算金额。承包单位在与发包单位办理价款结算手续时，除需提供工程价款结算申请书、监理单位审核证明、发票外，还需向项目建设单位财务部门提供价款结算的工程量计量依据。

(8) 发生的重大变更和索赔事项须按规定程序经设计单位、监理单位、发包单位的书面审核审批并报经上级主管部门和初设批复主管部门批准后，方可办理价款结算，并列入建设成本。

(9) 一般变更设计内容须经项目建设单位批复，报主管部门备案。重大设计变更应征得原审批部门的批复。

(10) 预备费的使用须按照上级部门的要求办理审批或备案手续，财务部门注意信息及资料收集。

(二) 设备投资核算

(1) 设备投资支出是指项目建设单位按照批准的建设内容生的各种设备的实际成本，不包括工程抵扣的增值税进项税额。

(2) 需要安装设备是指必须将其整体或几个部位装配起来，安装在基础上或建筑物支架上才能使用的设备。需要安装设备必须符合以下条件，才能作为“正式开始安装”计算基本建设实际支出：设备的基础和支架已经完成；安装设备所必需的图纸资料已经具备；设备已经运到安装现场，开箱检验完毕，吊装就位，并继续进行安装。

(3) 项目建设单位应严格控制建设成本的范围、标准和支出责任，不得违规列支建设成本。

(4) 超过批准建设内容发生的支出，不符合合同协议的支出，无发票或者发票项目不全、无审批手续、无责任人员签字的支出，其他不属于本项目应当负担的支出不得列入建设成本。

(5) 采购进口设备的，按照财政部《政府采购进口产品管理办法》实行审核管理。

(6) 纳入集中采购目录的政府采购项目，应当实行集中采购、限额标准以上的应按《中华人民共和国政府采购法》和《中华人民共和国招标投标法》有关规定执行。

(7) 列入房屋、建筑物等建筑工程概（预）算的附属设备，如暖气、通风、卫生、照明、煤气等设备，出库安装时，计入“建筑安装工程投资”科目，不在“设备投资”科目归集成本。

(8) 与工程建设有关的货物、服务，应当执行政府采购政策。

(三) 待摊投资核算

(1) 注意“待摊投资”科目的核算内容与概算中有关费用项目之间的对应关系。概算批复建设房单位开办费、经常费购置的办公用品、生活设施等，符合固定资产标准的，不在“待摊投资”科目核算，但固定资产的折旧在本科目中核算。虽然部分支出概算中没有单列，但根据《基本建设项目建设成本管理规定》可以列入工程建设成本，如坏账损失、汇兑损失等。

（2）建设单位不能随意扩大待摊投资的开支项目和提高开支标准。

（3）下列情况不得列入建设成本：不符合合同协议的支出；非法收费和摊派；无发票或者发票项目不全、无审批手续、无责任人员签字的支出；因设计单位、施工单位、供货单位等原因造成的工程报废等损失，以及未按照规定报经批准的损失；项目符合规定的验收条件之日起3个月后发生的支出；其他不属于本项目应当负担的支出。

（4）项目建设管理费开支时段为从项目筹建之日起至办理竣工财务决算之日止发生的管理性质的支出。

（5）按国家及行业规定，项目建设单位须明确项目建设管理费范围内涉及支付给职工个人的工资性支出、劳动保护费、差旅交通费等的开支标准。施工现场管理人员津贴标准比照当地财政部门制定的差旅费标准执行。

（6）项目建设单位召开的会议须在政府采购定点场所召开，会议费报销材料为会议通知、会议预算、与会人员签到表、费用原始明细单据、电子结算单和发票。招待费报销材料为接待公函、招待审批单、招待清单和发票。

（7）确定自用固定资产折旧的计提方式、计提比例和待摊投资的分摊方法。

（8）坏账损失、报废工程损失、固定资产损失、设备盘亏及毁损须经有关部门批准后才能计入成本支出。

（9）通过“待摊投资”科目核算的费用支出，其原始凭证种类较多，有单位自制的报销凭证和外来原始凭证等。各项原始凭证均要求单位名称信息和税务登记号信息准确、完整，发票开具内容真实、数字准确、金额大小写一致，外来（单位）发票或凭据须要求加盖出票单位发票专用章或公章。

（10）加强电子发票管理，建立电子发票台账，便于发票查找、核对，防止重复报销电子发票。

（四）其他投资核算

（1）房屋购置的金额和面积均在概算批复范围内，方可列入成本支出。

（2）办公生活用家具、器具购置须符合政府采购要求，并办理相关手续，方可列入成本支出。

（3）下列情况不得列入建设成本：不符合合同协议的支出；无发票或者发票项目不全、无审批手续、无责任人员签字的支出；其他不属于本项目应当负担的支出。

（4）开发软件须进行测试，并验收合格，办理合同完工结算，方可列入成本支出。

（五）待核销基建支出核算

（1）注意待核销基建支出核算的范围。

（2）审核待核销基建支出有无依据，是否合理。

（3）会计核算时，发生的支出直接记入“待核销基建支出”科目。

（4）编制项目竣工财务决算时，项目建设单位应当按照规定将待摊投资支出按合理比例分摊计入“待核销基建支出”。

（5）建设项目竣工验收交付使用时，注意待核销基建支出会计核算冲销的处理，先转入“资产处置费用”科目，然后期末转入“本期盈余”科目。

（6）注意审核支出计算的准确性和资料的完整性。

（六）基建转出投资核算

（1）注意基建转出投资核算的范围。

（2）审核基建转出投资有无依据，是否合理。

（3）依据政策法规办理基建转出投资，将相关移交协议或移交的会议纪要等作为会计核算的附件。

（4）编制项目竣工财务决算时，项目建设单位应按照规定将待摊投资支出按合理比例分摊计入“基建转出投资”科目。

第八章　基建收入核算

第一节　概　　述

一、基建收入的概念

水利基建收入是指在基本建设过程中形成的各项工程建设副产品变价收入、负荷试车和试运行收入以及其他收入。

工程建设副产品变价收入是指工程建设过程中产生或者伴生的副产品、试验产品的变价收入。

负荷试车和试运行收入包括水利、电力建设移交生产前的供水、供电、供热收入等。

其他收入包括项目总体建设尚未完成或者移交生产，但其中部分工程简易投产而发生的经营性收入等。

二、管理要求

(1) 符合验收条件而未按照规定及时办理竣工验收的经营性项目所实现的收入，不得作为项目基建收入管理。

(2) 项目所取得的基建收入扣除相关费用并依法纳税后，其净收入按照国家财务、会计制度的有关规定处理，即经营性项目的净收入，相应转为生产经营企业的盈余公积；非经营性项目的净收入，相应转入行政事业单位的其他收入。

(3) 项目发生的各项索赔、违约金等收入，首先用于弥补工程损失，结余部分按照国家财务、会计制度的有关规定处理。

第二节　基建收入会计核算

一、会计科目设置

项目建设单位的基建收入核算主要涉及“应缴财政款”“事业收入”“其他收入”等财务会计科目，以及“事业支出”等预算会计科目。

“应缴财政款”科目用于核算项目建设单位取得或应收的按照规定应当上缴财政的款项，包括应缴国库的款项和应缴财政专户的款项，属于负债类科目，期末余额在贷方，反映单位应当上缴财政但尚未缴纳的款项。年终清缴后，本科目一般应无余额。

“事业收入”科目核算项目建设单位开展专业业务活动及其辅助活动实现的收入，包括水利工程建设副产品变价收入、负荷试车和试运行收入。期末结转后，本科目无余额。

“其他收入”科目核算水利建设单位取得的除财政拨款收入、事业收入、非同级财政拨款收入等以外的各项收入，包括工程建设期间收取的各项索赔以及违约金弥补工程损失后还有结余的部分。期末结转后，本科目无余额。

“事业预算收入”科目核算项目建设单位开展专业业务活动及其辅助活动取得的现金流入。期末结转后，本科目无余额。

“其他预算收入”科目核算项目建设单位除财政拨款预算收入、事业预算收入、债务预算收入、非同级财政拨款预算收入之外的纳入部门预算管理的现金流入。期末结转后，本科目无余额。

二、账务处理

（一）采用财政专户返还方式

（1）项目建设单位实际收到或应收应上缴财政专户的基建收入时，财务会计按照实际收到或应收的金额，借记“银行存款”“应收账款”等科目，贷记“应缴财政款”科目。预算会计不做处理。

（2）向财政专户上缴款项时，按照实际上缴的款项金额，财务会计借记“应缴财政款”科目，贷记“银行存款”等科目。预算会计不做处理。

（3）收到从财政专户返还的基建收入时，按照实际收到的返还金额，财务会计借记“财政应返还额度”“银行存款”等科目，贷记“事业收入”“其他收入”科目。预算会计借记“资金结存”科目，贷记“事业预算收入”“其他预算收入”科目。

（二）采用预收款方式

（1）实际收到预收款项时，按照收到的款项金额，财务会计借记“银行存款”等科目，贷记“预收账款”科目。预算会计借记“资金结存—货币资金”科目，贷记“事业预算收入”“其他预算收入”科目。

（2）以合同完成进度确认基建收入时，按照基于合同完成进度计算的金额，财务会计借记“预收账款”科目，贷记“事业收入”“其他收入”科目。预算会计不做处理。

（三）采用应收款方式

（1）根据合同完成进度计量本期应收的款项。财务会计借记“应收账款”科目。贷记“事业收入”“其他收入”科目。预算会计不做处理。

（2）实际收到款项时，财务会计借记“银行存款”等科目，贷记“应收账款”科目。预算会计借记“资金结存—货币资金”科目，贷记“事业预算收入”“其他预算收入”科目。

（四）其他方式下

按照实际收到的金额，财务会计借记“银行存款”“库存现金”等科目，贷记“事业收入”“其他收入”科目。预算会计借记“资金结存—货币资金”科目，贷记“事业预算收入”“其他预算收入”科目。

（五）期末会计处理

期末，根据有关科目当年发生额，财务会计借记“事业收入”“其他收入”科目，贷记“本期盈余”科目；预算会计借记“事业预算收入”“其他预算收入”科目，贷记“非财政拨款结转”“其他结余”科目。

三、会计核算案例

接续H省A水库基本建设项目案例如下。

【8-1】 试运行收入会计核算

2022年12月26日，A水库建设运行中心收到72h内水电站发电试运行收入30,000.00元，其中增值税为900.00元（小水电增值税税率3%，小规模纳税人）。根据银行客户回单等原始凭证，按照目前政府会计制度核算办法，做相关会计分录如下。

财务会计：

借：银行存款　30,000.00

　贷：其他收入—试运行收入　29,100.00

　　　应交税费—简易计税　900.00

预算会计：

借：资金结存—货币资金—银行存款　29,100.00

　贷：其他预算收入　29,100.00

第三节　其他会计核算制度相关要求

一、企业会计准则制度相关要求

企业性质的项目建设单位，在建工程（固定资产）达到预定可使用状态前或者研发过程中产出的产品或副产品对外销售，做以下会计处理：

（1）根据《企业会计准则解释第15号》规定，自2022年1月1日起，“企业将固定资产达到预定可使用状态前或者研发过程中产出的产品或副产品对外销售的，应当按照《企业会计准则第14号——收入》《企业会计准则第1号——存货》等规定，对试运行销售相关的收入和成本分别进行会计处理，计入当期损益，不应将试运行销售相关收入抵销相关成本后的净额冲减固定资产成本或者研发支出。试运行产出的有关产品或副产品在对外销售前，符合《企业会计准则第1号——存货》规定的应当确认为存货，符合其他相关企业会计准则中有关资产确认条件的应当确认为相关资产。”

由此，试运行所产生的收入，不再冲减固定资产（在建工程）或研发支出，而是分别确认收入和成本，直接计入当期损益。实现销售收入时，借记“银行存款/应收账款”等科目，贷记“其他业务收入”“应交税费—应交增值税”。生产和销售副产品发生的支出，借记“其他业务成本”科目，贷记“库存商品”等科目。

（2）企业基本建设中收取的违约金、滞纳金、赔偿金。根据会计准则分析，违约金、滞纳金、赔偿金等其他收入首先用于弥补工程损失，如有结余，应作为营业外收入处理。

（3）企业使用基本建设投资贷款转存款所得的利息收入全部冲减建设成本。

二、《国有建设单位会计制度》相关要求

（一）会计科目设置

执行《国有建设单位会计制度》的项目建设单位主要通过“应交基建收入”“留成收入”科目核算建设期间所取得的各项基建收入。

“应交基建收入”科目核算项目建设单位在建设过程中发生和应上交的各项基建收入。如试通水期间的水费收入、电站建设中移交生产前的电费收入等。本科目期末如有贷方余额，为应交未交的基建收入。

“留成收入”科目核算项目建设单位按规定从实现的基建收入和基建包干节余中提取的留归建设单位使用的各种留成收入。本科目期末贷方余额，为建设单位提取的尚未支用的留成收入。

（二）主要业务处理

（1）取得基建收入时，借记“库存材料/银行存款”等科目，贷记“应交基建收入”科目。

（2）结转与取得某项基建收入相配比的费用或用其他收入弥补工程损失时，借记“应交基建收入”本科目，贷记“待摊投资—负荷联合试车费—报废工程损失”科目。

（3）基建收入依法计提税金时，借记“应交基建收入”科目，贷记“应交税金—应交所得税”科目。

（4）按规定上交基建收入，借记“应交基建收入”科目，贷记“银行存款”等科目。按规定留用的基建收入，借记“应交基建收入”科目，贷记“留成收入”科目。

（5）用基建收入归还基建借款时。借记“应交基建收入”科目，贷记“银行存款”科目；同时，借记“基建投资借款”科目，贷记“应收生产单位投资借款”科目。

（6）“应交基建收入”科目的年末余额，在国家未作出新规定之前，暂转入企业“其他应付款专项应付款—应交基建收入”科目。

第四节　常见问题及重点关注

一、常见问题

（一）基建收入没有入账

2×20 年 3 月，某项目建设单位取得的报废设备变卖收入 3 万元没有及时入账。

不符合《会计基础工作规范》第三十七条“各单位发生的下列事项，应当及时办理会计手续、进行会计核算……（五）收入、支出、费用、成本的计算……”的规定；同时，应符合《关于深入开展“小金库”治理工作的意见》第二条“（一）治理范围。违反法律法规及其他有关规定，应列入而未列入符合规定的单位账簿的各项资金（含有价证券）及其形成的资产，均纳入治理范围”的规定。

（二）项目发生的违约金收入未用于弥补工程损失

2×20 年 3 月，某项目建设单位收取承包单位安全生产合同违约金 2.6 万元，直接计入其他收入，未用于弥补因安全生产造成的损失 9 万元。

不符合《本建设财务规则》第二十六条“项目发生的各项索赔、违约金等收入，首先用于弥补工程损失，结余部分按照国家财务、会计制度的有关规定处理”的规定。

（三）基建净收入确认不准确

2×20 年 5 月，某项目试运行期间实际收入 10 万元，增值税 0.3 万元（按照简易计税办法，依照 3%的征收率计算缴纳增值税），计算基建净收入 9.4 万元。期间所发生电费等费用 5 万元未计入试运行。

不符合《本建设财务规则》第二十五条“项目所取得的基建收入扣除相关费用并依法纳税后，其净收入按照国家财务、会计制度的有关规定处理”的规定。

二、重点关注

（1）项目建设单位是否将基建收入及时入账核算。

（2）项目建设单位是否将发生的各项索赔、违约金等收入，首先用于弥补工程损失，结余部分是否按照国家财务、会计制度的有关规定处理。

（3）符合验收条件而未按照规定及时办理竣工验收的经营性项目所实现的收入，是否继续作为项目基建收入管理。

（4）项目建设单位对基建净收入确认是否准确。

第九章　竣工财务决算核算

第一节　概　　述

水利基本建设项目的竣工财务决算是综合反映竣工项目建设成果和财务情况的总结性文件，是正确核定新增资产价值、及时办理资产交付使用的依据，也是基本建设程序的重要环节。

在竣工财务决算编制、审核审批过程中涉及的会计核算业务主要有：

（1）尾工工程投资和预留费用核算。

（2）竣工结余资金清理核算。

（3）基本建设支出调整辅助核算。

（4）待摊投资分摊核算。

（5）资产交付核算。

（6）竣工财务决算批复后账务处理。

第二节　尾工工程投资和预留费用核算

一、尾工工程投资和预留费用核算内容

尾工工程投资和预留费用是指水利基本建设项目在截至编制竣工决算编制基准日，尚未完成但不影响工程正常运行的扫尾工程投资以及尚未发生且需要预留的费用。《水利基本建设项目竣工财务决算编制规程》（SL 19—2014）对项目预留的扫尾工程投资以及尚未发生且需要预留的费用称为未完工程投资及预留费用。2023 年 8 月 16 日，水利部发布《水利基本建设项目竣工财务决算编制规程》（SL/T 19—2023）将未完工程投资及预留费用修改为尾工工程投资及预留费用。未完工程投资及预留费用与尾工工程投资及预留费用两者概念一致。

这些工程和费用在竣工财务决算编制时虽然尚未实际发生，但作为项目的组成部分和必须完成的工作，在决算编制基准日之后仍需完成。因此，在编制决算时需预留相应的投资，以满足后续的支付需求。

一般而言，尾工工程投资由两部分组成：一是正在实施但尚未完成的工程项目；二是对应初步设计应实施但尚未启动的项目。预留费用主要为针对项目验收和项目决算所需发生的经费项目，如：竣工验收费用；竣工决算审计费用；其他必须发生的费用（含建设单位存续期间的日常管理费用）。

对确定为尾工工程投资和预留费用的项目，根据有关标准、定额或合同，分别进行费

用测算并按测算结果进行会计核算。财务会计借记“在建工程—建筑安装工程投资/设备投资/待摊投资/其他投资”及明细科目，贷记“其他应付款—尾工工程投资/预留费用”科目；预算会计不做处理。

二、尾工工程投资和预留费用会计核算案例

接续H省A水库基本建设项目案例如下。

【9-1】　预留尾工工程投资和预留费用的会计核算

2022年12月31日，建设运行中心依据《A水库工程竣工财务决算费用计提明细表》《A水库工程竣工验收会议费用预算清单》《H省A水库建设管理局关于计提剩余耕地开垦费及返还耕地占用税的报告》《水利基本建设竣工项目尾工工程投资表》等附件，整理得到该水库工程测算的尾工工程投资和预留费用，见表9-1。

表9-1　　A水库工程尾工工程投资和预留费用表

工程及费用项目	预留金额/元	工程及费用项目	预留金额/元
（一）尾工工程投资	22,190,900.00	审计费	650,000.00
1. A水库工程	15,904,200.00	后评价费	725,400.00
2. B水库工程	6,286,700.00	竣工验收费	350,000.00
（二）预留费用	2,325,400.00	合计	24,516,300.00
建设单位管理费	600,000.00		

按表9-1的结果，在竣工财务决算基准日，做相关会计分录如下。

财务会计：

借：在建工程—建筑安装工程投资—建筑工程—A水库工程　15,904,200.00
　　　　　　　　　　　　　　　　　　　　—B水库工程　6,286,700.00
　　在建工程—待摊投资—建设单位管理费　600,000.00
　　在建工程—待摊投资—建设单位管理费—竣工验收费　350,000.00
　　在建工程—待摊投资—社会中介机构审计（查）费—审计费　650,000.00
　　在建工程—待摊投资—其他待摊投资—后评价费　725，400.00
　贷：其他应付款—尾工工程投资—A水库工程　15,904,200.00
　　　　　　　　　　　　　　　—B水库工程　6,286,700.00
　　　其他应付款—预留费用—日常建设管理费　600,000.00
　　　　　　　　　　　　　—竣工验收费　350,000.00
　　　　　　　　　　　　　—审计费　650,000.00
　　　　　　　　　　　　　—后评价费　725,400.00

预算会计不做处理。

第三节　竣工结余资金清理核算

一、核算内容

竣工结余资金是竣工财务决算的重要指标。竣工结余资金清理主要是通过变价处理，

将实物形态的竣工结余资金，如库存设备、材料及应处理的自用固定资产转化为货币形态的竣工结余资金，以保证结余资金的流动性，为竣工结余资金的上缴等后续处置创造条件。

应收款项也是竣工结余资金的表现形态，在办理竣工财务决算时也应进行全面清理。

竣工结余资金有三种表现形态，即货币资金形态、结算资金形态和储备资金形态。从清理的角度，主要是竣工结余资金清理的主要任务和目标是将实物资产和结算形态的资金变现为货币资金，以保持结余资金能够实现充裕的流动，确保结余资金按政策规定进行处置时，如归还项目贷款或交回财政，不存在支付方面的障碍。与此相适应，财务会计核算时，将“库存设备、库存材料和自用固定资产净值”等转移至货币资金，并将处置过程中产生的资金损失计入“待摊投资”的“器材处理损失”或“固定资产处理损失”。

二、会计核算案例

【9-2】　实物形态竣工结余资金清理

2022年12月20日，建设运行中心通过实地盘点和账实核对，某水库工程需清理的库存材料和自用固定资产清单见表9-2。

表9-2　　应变价处理实物清单

序号	类别及品名规格	计量单位	数量	单价	账面价值/元
一	库存材料				160,00.000
1	混凝土砌块	m^3	500	320.00	160,000.00
二	自用固定资产				69,000.00
1	便携式计算机	台	6	7,500.00	45,000.00
2	照相机	部	4	6,000.00	24,000.00
合　计					229,000.00

通过公开拍卖，混凝土砌块销售单价为250.00元/m^3，收回材料处理款125,000.00元；便携式计算机和照相机变价收入14,000.00元。根据委托拍卖合同、拍卖会终结报告、银行客户回单等原始凭证，按照目前政府会计制度核算办法，做相关会计分录如下。

财务会计：

借：银行存款　139,000.00
　　在建工程—待摊投资—器材处理亏损　35,000.00
　　在建工程—待摊投资—固定资产处理损失　55,000.00
　贷：工程物资—库存材料—混凝土砌块　160,000.00
　　　在建工程—设备投资—不需要安装设备—便携式计算机　45,000.00
　　　　　　　　　　　　　　　　　　　—照相机　24,000.00

预算会计：

借：资金结存—货币资金　139,000.00
　贷：事业支出—财政拨款支出—项目支出　139,000.00

第四节　基本建设支出调整

一、辅助核算

在竣工财务决算编制阶段对基本建设支出进行调整主要体现在两个方面：一是调整前期核算过程中存在的问题；二是调整支出的核算口径，实现概算和会计核算的同口径比较。

（一）调整账务处理

分析、检查已经发生和核算的支出事项，对应有关的制度和标准，对不合法、不合理的支出通过账务调整从决算中剔除。

对项目实施过程中历次审计、稽查、财务检查等下达的结论和提出的问题进行清理，对尚未整改的事项抓紧予以落实。

对核算过程中的缺陷，如手续不齐备、核算深度不能满足竣工财务决算编制要求等问题，应通过完善手续、调整账务等手段，使之较为规范。

（二）调整支出口径

调整支出口径的根本任务就是让概算的明细项目与会计核算的明细科目之间能够进行同口径比较，以便真实反映项目概算的执行情况。

会计科目设置和概算项目划分在功能和方法上均存在重大差异，如：设置会计账簿的目的是便于归集成本（费用），会计核算作为一种专门的核算方法，须执行国家统一的会计核算制度。概算项目划分的目的是测算费用，《水利工程涉及概（估）算编制规定》对水利工程项目组成和项目划分有专门的划分方法。因此，在建账和核算阶段，会计核算的明细科目与概算的明细项目在口径上无法做到完全对应，需要在决算编制阶段进行必要的调整，实现两者之间有意义的对比分析。

支出的调整虽然目的单一，但是过程较为复杂，且容易出现偏差。财务人员难以把握，需要合同管理等部门的人员共同参与，特别是招投标项目的价款结算与概算项目的衔接问题，因为招标文件《工程量清单》中的工程项目和概算的项目之间并不完全一致，如：为满足招标需要或为合理划分标段，招标文件对概算的部分子项按有关要求进行了归并和重组。

调整支出口径就是为了防范此类问题的发生，支出口径的调整一般不需要对所调整的事项进行具体的账务处理，应通过辅助核算，如“支出调整表”等，把会计核算中按会计科目反映的支出结构，根据核算口径与概算口径之间的衔接关系，调整为按概算的明细项目反映。使项目概算和项目的实际支出能够进行同口径比较，以便真实反映概算执行情况。

二、核算案例

【9-3】　基本建设支出口径调整

从概算角度，涉及支出口径调整的主要是三个方面的支出：动用的预备费；独立费用中的建设管理费；概算与工程量清单之间的差异。

支出口径的调整不需要对所调整的事项进行具体的账务处理，应针对需要调整的内容，在概（预）算人员的指导下，分析差异的成因，通过辅助核算的方式，实现概算与实际之间的同口径对比。

以某水库工程的基本预备费、建设管理费的使用为例，支出口径调整如下。

（一）基本预备费

根据预备费管理的有关规定和该水库工程预备费实际使用情况，确认概算安排的基本预备费5,575.00万元已全部动用完毕，具体使用情况见表9－3。

表9－3　　预备费使用情况明细表

序号	项目/费用名称	金额/万元	序号	项目/费用名称	金额/万元
（一）	土坝工程	4,760	（1）	办公室	85
1	坝顶工程	1,500	（2）	室外工程	21
2	护坡工程	2,500	2	交通工程	170
3	灌浆及截渗工程	760	3	供电工程	105
（二）	泄洪闸工程	434	（1）	变电所	55
1	基础处理工程	434	（2）	供电线路	50
（三）	公用工程	381	合　计		5,575
1	管理工程	106			

上述使用预备费的项目，对其所对应的支出进行相应调整，使之与概算的基本预备费形成对应关系，见表9－4。

表9－4　　基本建设支出调整表（一）（预备费）

概算项目	概算价值/万元	会计科目	实际支出/万元
第六部分 基本预备费	5,575	在建工程—建筑安装工程投资—建筑工程—土坝工程—坝顶工程	1,500
		在建工程—建筑安装工程投资—建筑工程—土坝工程—护坡工程	2,500
		在建工程—建筑安装工程投资—建筑工程—土坝工程—灌浆及截渗工程	760
		在建工程—建筑安装工程投资—建筑工程—泄洪闸工程—基础处理工程	434
		在建工程—建筑安装工程投资—建筑工程—公用工程—管理工程—办公室	85
		在建工程—建筑安装工程投资—建筑工程—公用工程—管理工程—室外工程—大门	21
		在建工程—建筑安装工程投资—建筑工程—公用工程—交通工程	170
		在建工程—建筑安装工程投资—建筑工程—公用工程—供电工程—35kV变电所	55
		在建工程—建筑安装工程投资—建筑工程—公用工程—供电工程—35kV供电线路	50

(二) 建设管理费

建设管理费包括建设单位开办费、建设单位人员费、项目管理费三项，涉及的内容显然超出了财政部《基本建设项目建设成本管理规定》设定的“项目建设管理费”的支出范围。应根据建设管理费与相关明细科目之间的关系，将会计核算归集的实际支出调整为概算中“建设管理费”的相关费用构成，具体见表9-5。

表9-5　　基本建设支出调整表（二）（建设管理费）

<table>
<tr><th>概算项目</th><th>概算价值/万元</th><th>会 计 科 目</th><th>实际支出/万元</th></tr>
<tr><td>建设管理费</td><td>1,253</td><td></td><td>1,364</td></tr>
<tr><td rowspan="3">(1) 建设单位开办费</td><td rowspan="3">300</td><td>在建工程—设备投资—不需要安装设备（略）</td><td>180</td></tr>
<tr><td>在建工程—设备投资—工具及器具（略）</td><td>700</td></tr>
<tr><td>在建工程—其他投资—生活用家具、器具购置（略）</td><td>80</td></tr>
<tr><td>(2) 建设单位人员费</td><td>595</td><td>在建工程—待摊投资—项目建设管理费（略）</td><td>580</td></tr>
<tr><td rowspan="5">(3) 项目管理费</td><td rowspan="5">358</td><td>在建工程—待摊投资—项目建设管理费（略）</td><td>165</td></tr>
<tr><td>在建工程—待摊投资—其他待摊投资（略）</td><td>150</td></tr>
<tr><td>在建工程—待摊投资—社会中介机构审计费</td><td>80</td></tr>
<tr><td>在建工程—待摊投资—招投标费</td><td>27</td></tr>
<tr><td>在建工程—待摊投资—项目管理费—律师代理费</td><td>12</td></tr>
</table>

第五节 待摊投资分摊核算

一、核算内容

待摊投资支出是指项目建设单位按照批准的建设内容发生的，应当分摊计入相关资产价值的各项费用和税金支出，如项目建设管理费、设计费和监理费等。

待摊投资虽不直接构成某项资产，但有助于资产的形成，是与取得的资产有密切联系的支出。因此，在编制项目竣工财务决算时，应当将待摊投资支出分摊计入交付使用资产价值、转出投资价值和待核销基建支出。

待摊投资的分摊方法，一般有以下两种。

(一) 按概算分配率分摊

概算分配率＝（概算中各项待摊投资项目的合计数－其中可直接分配部分）÷（概算中建筑工程、安装工程和设备投资合计）×100%

某资产应分摊待摊费用＝该资产应负担待摊费用部分的实际价值×概算分配率

在分摊过程中，按概算分配率分摊的待摊投资与实际发生的待摊投资之间会存在一定差额，要根据实际情况进行调整。在最后一批资产交付使用时，须将实际发生的待摊投资余额全部摊销完毕。

（二）按实际数的比例分摊

实际分配率＝待摊投资明细科目余额÷（建筑工程明细科目余额＋安装工程明细科目余额＋需安装设备投资明细科目余额）×100％

某资产应分摊待摊费用＝该资产应负担待摊费用部分的实际价值×实际分配率

上述两种方法的适用范围并不一致，一般来说，按概算数的比例分摊的方法适用于单项工程分期分批交付使用的建设项目，按实际数的比例分摊的方法适用于竣工后一次办理交付手续的建设项目。

财务会计核算时，按照合理的分配方法分配待摊投资，借记“在建工程—建筑安装工程投资/设备投资”及明细科目，贷记“在建工程—待摊投资”及明细科目。预算会计不做处理。

二、核算案例

接续H省A水库基本建设项目案例如下。

【9－4】 待摊投资分摊核算

截至2022年12月31日，A水库工程账面累计发生的待摊投资支出总额为8,659,557,517.09元（集运鱼系统工程、分层取水工程、跨河桥梁、坝前、后路、交通设备、消费设备、35kV线路不计入待摊投资）。根据待摊投资各明细科目与分摊对象之间的关联度计算分摊系数，计算过程如下：分摊系数＝8,659,557,517.09/1,134,992,925.51＝7.63。

以各个工程的投资额为基准，根据分摊系数将待摊投资分别摊入相关工程成本、需安装设备成本等，计算出各工程的待摊投资各明细科目分摊金额见表9－6。

表9－6　各科目分摊明细表（局部）

项　目	金额/元	项　目	金额/元
1. 土石坝工程	3,660,620,543.34	8. 起重设备及安装工程	1,857,995.47
2. 重力坝工程	2,843,964,163.79	…	
…		12. 通信设备及安装工程	738,211.80
5. 房屋建筑工程	131,564,371.28	…	…
…			

按照表9－6的结果，待摊投资各明细科目分摊（局部）的账务处理如下。

财务会计：

借：在建工程—建筑安装工程投资—建筑工程—土石坝　3,660,620,543.34

　　在建工程—建筑安装工程投资—建筑工程—重力坝　2,843,964,163.79

　　在建工程—建筑安装工程投资—建筑工程—房屋建筑工程　131,564,371.28

　　在建工程—设备投资—在安装设备—起重设备　1,857,995.47

　　在建工程—设备投资—在安装设备—通信设备　738,211.80

　贷：在建工程—待摊投资　6,638,745,285.68

预算会计不做处理。

第六节　资产交付核算

一、核算内容

资产交付是将建设项目形成的资产交付或者转交生产使用单位的行为，标志着建设项目实现从“在建”到“建成”的转变，与此相适应，通过资产交付核算，将“在建工程”各明细科目归集的基本建设支出转移至固定资产、流动资产和无形资产等资产价值。

根据资产交付管理的相关要求和《基本建设财务规则》规定，考虑项目实施能否形成资产以及所形成资产的产权归属，资产交付的核算应分为下列三种情形。

（一）形成资产且产权归属本单位

该情形是水利基本建设项目资产交付的最主要方式。核算时，财务会计根据资产交付的价值与形态分类，借记“公共基础设施”“固定资产”“库存物品”和“无形资产”等科目，贷记“在建工程—建筑安装工程投资/设备投资”科目。预算会计不做处理。

（二）不形成资产或所形成资产的产权归属个人（家庭）

该情形在交付使用时，对相应的支出进行冲销，财务会计借记“资产处置费用”科目，贷记“在建工程—待核销基建支出”科目。预算会计不做处理。

（三）形成资产的产权归属其他单位或集体组织

非经营性项目配套建设的产权不归属本单位的专用设施以及产权转交农村集体组织的实物资产等，在交付使用时，财务会计按照转出的成本，借记“无偿调拨净资产”科目，贷记“在建工程—基建转出投资”科目。预算会计不做处理。

二、核算案例

接续H省A水库基本建设项目案例如下。

【9－5】　资产交付使用核算

A水库工程经清查盘点、账实核对和资产价值计算等，形成交付资产清单（局部），见表9－7，资产交付给A水库建设运行中心。

表9－7　　**应交付资产清单（局部）**

资产名称	规格型号	计量单位	数量	资产金额/元
一、固定资产				
（一）房屋及构筑物				
1. 土石坝	略，下同	米	3261	4,140,649,052.96
2. 重力坝		米	429.57	3,212,057,097.51
…				
5. 北岸灌溉洞		座	1	127,003,930.83
…				
10. 供水设施		座	1	2,350,042.18
…				

续表

资产名称	规格型号	计量单位	数量	资产金额/元
15. 防汛码头		座	1	90,430,493.77
…				
（二）专用设备				
1. 水轮机设备		台	3	13,922,300.09
2. 发电机设备		台	3	18,338,285.63
…				
（三）通用设备				
1. 清洗车		辆	1	318,000.00
2. 热水器		台	1	1,500.00
…				
二、流动资产				
1. 万用表		台	1	40.00
…				

资产交付（以表中资产为例）的账务处理如下。

财务会计：

借：公共基础设施—水利基础设施—水库工程

—山区水库

—土石坝　4,140,649,052.96

—重力坝　3,212,057,097.51

—北岸灌溉洞　127,003,930.83

—水轮机设备　13,922,300.09

—发电机设备　18,338,285.63

—防汛码头　90,430,493.77

固定资产—房屋及构筑物—供水设施　2,350,042.18

固定资产—不需安装设备—清洗车　318,000.00

—热水器　1500.00

库存物品—万用表　40.00

贷：在建工程—建筑安装工程投资—建筑工程—土石坝　4,140,649,052.96

—重力坝　3,212,057,097.51

—北岸灌溉洞　127,003,930.83

—供水设施　2,350,042.18

—防汛码头　90,430,493.77

在建工程—设备投资—在安装设备—水轮机设备　13,922,300.09

—发电机设备　18,338,285.63

在建工程—设备投资—不需安装设备—通用设备—清洗车　318,000.00

—热水器　1500.00

　　在建工程—设备投资—不需安装设备—工具及器具—万用表　　40.00

预算会计不做处理。

第七节　竣工财务决算批复后账务处理

根据建设项目执行的会计制度和项目竣工财务决算的指标内容，在竣工财务决算按审批权限报经上级机关批复后，可能面临结余资金上缴、建设资金冲转等账务处理业务。

一、结余资金上缴核算

当竣工财务决算反映项目存在结余资金时，按《基本建设财务规则》的规定，非经营性水利基本建设项目的主要处理方式是结余资金由财政收回。

财务会计按照规定上缴财政拨款结余资金的，按照实际上缴资金数额，借记“累计盈余”科目，贷记“银行存款”“财政应返还额度”等科目。预算会计按照规定上缴财政拨款结余资金或注销财政拨款结余资金额度的，按照实际上缴资金数额或注销的资金额度数额，借记“财政拨款结余—归集上缴”科目，贷记“资金结存—货币资金”“资金结存—财政应返还额度”等科目。

二、建设资金冲转核算

非经营性项目在实施过程中发生的待核销、专用设施等费用和成本，编制竣工财务决算时，财务会计借记“资产处置费用”科目，贷记“在建工程—待核销基建支出”科目，预算会计不做处理。

为建设项目配套而建成的、产权不归属本单位的专用设施，在项目竣工验收交付使用时，财务会计按照转出的专用设施的成本，借记“在建工程—基建转出投资”科目，贷记“在建工程—建筑安装工程投资”及明细科目；同时，借记“无偿调拨净资产”科目，贷记“在建工程—基建转出投资”；预算会计不做处理。在年末时，财务会计应将无偿调拨净资产科目余额转入累计盈余，借记“累计盈余”科目，贷记“无偿调拨净资产”科目，预算会计不做处理。

竣工财务决算批复后，应将该类费用和成本与项目的资金来源进行冲转。

三、结余资金上缴与建设资金冲转核算案例

接续H省A水库基本建设项目案例如下。

【9-6】　结余资金上缴

2023年3月20日，A水库工程竣工财务决算已报经上级机关批复，批复确认本工程竣工结余资金3,791,331.45元。根据批复结果，向同级财政上缴3,791,331.45元，做相关会计分录如下。

财务会计：

借：累计盈余　　3,791,331.45

　　贷：银行存款　　3,791,331.45

预算会计：

借：财政拨款结余—归集上缴　　3,791,331.45

贷：资金结存—货币资金　3,791,331.45

【9-7】　无偿调拨净资产年末结转

接续案例【7-24】，2023年末，将无偿调拨净资产科目余额转入累计盈余，做相关会计分录如下：

财务会计：

借：累计盈余　23,194,940.07

贷：无偿调拨净资产　23,194,940.07

预算会计不做处理。

第八节　其他会计核算制度相关要求

一、企业会计准则制度相关要求

相对于非经营性项目，经营性水利基本建设项目核算时有两方面的明显差异：一是实行资本金制度；二是强调资本保全，成本费用中不存在转出投资或待核销支出。不能形成资产的投资或虽能够形成资产但资产的产权单位不归属本单位的，做“无形资产”处理。

【9-8】　交通道路移交转出地方交通运输部门

2×20年8月，×水库工程完工，A水利建设项目建设单位确认该工程形成交付交通运输部门进场道路23,194,940.07元。

借：无形资产　23,194,940.07

贷：在建工程—建筑安装工程投资—建筑工程—交通道路　23,194,940.07

二、《国有建设单位会计制度》相关要求

《国有建设单位会计制度》在水利建设项目会计核算时不考虑项目建成后运行管理业务的会计核算，强调建设过程和会计核算存续期间的有限性，将建设资金的运行过程划分为投资取得、投资使用和投资转销三个阶段，通过“交付使用资产”等科目的运用（进与转）解决资金运动的非循环性问题。

【9-9】　资产交付使用核算

2×20年8月，×水库工程完工，建设单位经清查盘点、账实核对和资产价值计算等，确认该工程形成交付使用资产1,844,457,650.00元，资产交付给×水库建设运行中心。

借：交付使用资产—固定资产——水库大坝　1,607,734,747.86

交付使用资产—固定资产——泄洪闸　137,693,446.08

交付使用资产—固定资产——引水闸　29,212,053.41

交付使用资产—固定资产——办公楼　2,508,505.32

交付使用资产—固定资产——管理附属设施　2,141,406.98

交付使用资产—固定资产——坝区对外道路　7,611,710.51

（略）

贷：建筑安装工程投资—建筑工程—挡水工程—土坝工程　950,460,000.00

建筑安装工程投资—建筑工程—泄洪工程—泄洪闸工程　79,630,000.00

（略）

建筑安装工程投资—安装工程—泄洪闸工程—拦污设备安装	405,000.00
建筑安装工程投资—安装工程—引水工程—闸门安装—埋件	125,000.00
（略）	
设备投资—在安装设备—泄洪闸工程—闸门	2,670,000.00
设备投资—在安装设备—泄洪闸工程—启闭机	2,230,000.00
设备投资—在安装设备—引水工程—闸门	2,100,000.00
（略）	
待摊投资—建设单位管理费—办公费	1,200,000.00
待摊投资—建设单位管理费—差旅费	600,000.00
待摊投资—勘察设计费	1,700,000.00
（略）	

第九节　常见问题及重点关注

一、常见问题

（一）预留的尾工工程投资及费用数额较大

某水利建设项目总投资 21,320.00 万元，竣工财务决算编制基准日期为 2×20 年 6 月 30 日，预留的未完工程投资及预留费用共计 4,725.00 万元，尾工工程投资及预留费用占概算的 22.16%，超过了规程规定的标准，预留的尾工工程投资及预留费用数额较大。

不符合《水利基本建设项目竣工财务决算编制规程》“尾工工程投资及预留费用可预计纳入竣工财务决算。大中型工程应控制在总概算的 3%以内，小型工程应控制在总预算的 5%以内。非工程类项目不宜计列尾工工程投资和预留费用”的规定。

（二）预留尾工工程投资及费用未进行账务处理

某项目建设单位确定竣工财务决算编制基准日期为 2×21 年 5 月 31 日，组织编制了项目竣工财务决算，而未在竣工财务决算编制基准日前将预留尾工工程投资及费用进行账务处理，导致竣工财务决算与会计账簿之间账表不符。

不符合《水利基本建设项目竣工财务决算编制规程》“竣工财务决算编制基准日确定后，与项目建设成本、资产价值相关联的会计业务应在竣工财务决算编制基准日之前入账”的规定。

（三）将应单独资产价值移交的投资作为待摊投资摊销

某项目管理设施中，批准管理用房 330 万元，实际完成投资 329 万元。2×22 年 7 月 31 日，在会计核算时，借：待摊投资（临时设施）329 万元，贷：预付工程款、银行存款等合计 329 万元，并登记待摊投资账簿，编制竣工财务决算时，没有进行清理调整，将这部分投资摊销到其他资产价值中。

不符合《水利基本建设项目竣工财务决算编制规程》清理应移交资产应包括以下主要内容：按核算资料列示移交资产账面清单；工程实地盘点，形成移交资产盘点清单；分析比较移交资产账面清单和盘点清单；调整差异，形成应移交资产目录清单的要求。也不符合《基本建设财务规则》第三十四条“在编制项目竣工财务决算前，项目建设单位应当认真做好各项清理工作，包括账目核对及账务调整、财产物资核实处理、债权实现和债务清偿、档案资料归集整理等”的规定。

二、重点关注

（一）尾工工程投资和预留费用

（1）尾工工程投资和预留费用的额度受控，预留的投资不能超过规定的比例。财政部《基本建设财务规则》要求：项目一般不得预留，确需预留的，不得超过批准的项目概（预）算总投资的5%。水利部《水利基本建设项目竣工财务决算编制规程》要求：大中型工程应控制在总概算的3%以内，小型工程应控制在总概算的5%以内，非工程类项目不宜计列尾工工程投资和预留费用。

（2）尾工工程投资和预留费用是竣工财务决算中比较特殊的费用。建设成本的计价原则是历史成本原则，即基本建设的各项购建支出，应当按发生时的实际成本计价，但尾工工程投资和预留费用在计入成本时，并未实际发生，只能按预算价格列入。

（3）对投资的预留务必进行账务处理，否则将导致竣工财务决算与会计账簿之间账表不符。

（4）投资预留的入账时间不得滞后于竣工财务决算基准日，否则账务处理将失去实际意义。

（5）投资预留会计分录的基本模式为“在建工程”与“应付款项”的同时增加。后续实施过程中涉及的资金结算与支付不得列支，将通过“应付款项”反映尾工工程投资和预留费用的具体使用情况。

（二）竣工结余资金清理

（1）结余资金反映的是建设项目尚未列支的建设资金，即项目的资金到位数减去项目实际发生的基本建设支出。因此，“结余资金”本身不是会计科目，是相关会计科目之间进行对比和计算的结果。

（2）结余资金有三种表现形态：货币资金：现金、银行存款；结算资金：应收未收款项；储备资金（实物资产）：库存设备、库存材料和自用固定资产净值等。

（3）结余资金作为时点指标，存在于在项目建设的全过程，竣工结余资金特指竣工财务决算基准日的结余资金。

（4）按《基本建设项目竣工财务决算管理暂行办法》第二十条规定，车辆、办公设备等自用固定资产在项目完工时既可以直接转入交付使用，也可以公开变价处置。因此，竣工结余资金清理范围是否包括自用固定资产或包括哪些自用固定资产需统筹考虑，根据实际需要确定。

（三）待摊投资分摊

（1）不需要安装设备、工具、器具等固定资产和流动资产的成本以及单独移交运行管理单位的无形资产的成本，一般不分摊待摊投资。

（2）按《基本建设财务规则》第三十五条“分摊对象的范围包括交付使用资产价值、转出投资价值和待核销基建支出”。因此，非经营性项目发生并形成的资产产权不归属本单位的，如专用设施等实物资产，也应参与对待摊投资的分摊。

（3）分摊的合理性主要体现在对待摊投资费用明细与分摊对象之间关联度的分析把控，有的费用直接摊入某项资产，有的费用摊入与其相关的若干资产项目（如示例中的勘察费），有的费用则摊入所有的分摊对象（如示例中的项目建设管理费）。

（四）资产交付使用

（1）应准确理解“水利基础设施”的内涵。水利基础设施是相对较新的概念，依据《财政部 水利部关于进一步加强水利基础设施政府会计核算的通知》（财会〔2021〕29号），水利基础设施是指各级水行政主管部门及其所属事业单位为满足社会公共防洪（潮）、治涝、供水、灌溉、发电等方面需求而控制的，持续提供公共服务的水利工程全部或部分有形资产。因此，当建设项目所形成资产的交付给各级水行政主管部门及其所属事业单位时，无论从资产数量或资产价值的角度，交付资产的主体均为“水利基础设施”。

（2）合理界定“水利基础设施”的范围。按现行规定，以下三类资产不属于水利基础设施的范围：

1）独立于水利基础设施、不构成水利基础设施使用不可缺少组成部分的管理用房屋建筑物、设备、车辆和船只等。

2）不再提供公共服务的水利工程。

3）为改善水利工程周边环境，提升景观效果而控制的水景观及绿化工程。

（3）需安装设备的资产价值由设备成本及安装该设备的安装工程成本两部分构成（均含分摊的待摊投资）。

（4）“固定资产”和“库存物品”均用于核算交付资产的价值，选择的直接依据是交付的资产是否达到固定资产标准，达到的计入“固定资产”，达不到的计入“库存物品”。

第十章　代建项目核算

第一节　概　　述

一、代建项目的概念

水利基本建设项目代建制是指政府投资的水利基本建设项目通过招标等方式，选择具有水利工程建设管理经验、技术和能力的专业化项目建设管理单位，负责项目的建设实施，竣工验收后移交运行管理单位的制度。代建单位对水利工程建设项目施工准备至竣工验收的建设实施过程进行管理，按照合同约定履行工程代建相关职责，对代建项目的工程质量、安全、进度和资金管理负责。

2004年7月，国务院发布实施的《关于投资体制改革的决定》规定："对非经营性政府投资项目加快推行'代建制'，即通过招标等方式，选择专业化的建设单位负责建设实施，严格控制项目投资、质量和工期，竣工验收后移交给事业单位。"同年11月，建设部颁布了《建设工程项目管理试行办法》，使"代建制"这一特定的项目管理模式的具体操作有了一定的规范依据，此后，各地政府也陆续出台了专门的代建制管理办法。

项目代建制的推行促进了非经营性水利建设项目建设管理竞争机制的形成，打破了投资、建设、管理和运营集中的格局。对于提高水利基本建设项目的专业化管理水平，强化投资控制和投资监管，防止出现"三超"问题（超工期、超概算、超标准），从源头上预防和制止腐败都具有重要意义。

二、管理要求

为积极稳妥推进水利工程建设项目代建制，规范项目代建管理，2015年2月水利部印发《关于水利工程建设项目代建制管理的指导意见》，湖北、山东等地也根据本地实际出台了水利工程代建的相关规定和实施规范，对代建项目管理要求提出了一系列具体要求，主要有：

（1）代建单位应具有独立的事业或企业法人资格。

（2）代建单位确定后，项目建设单位应与代建单位依法签订代建合同。代建合同内容应包括项目建设规模、内容、标准、质量、工期、投资和代建费用等控制指标，明确双方的责任、权利、义务、奖惩等法律关系及违约责任的认定与处理方式。

（3）按照基本建设财务管理相关规定，编报项目竣工财务决算。财政部《基本建设项目竣工财务决算管理暂行办法》明确：代建单位应当配合项目建设单位做好项目竣工财务决算工作。

（4）严格执行国家有关法律法规和基本建设财务管理制度，做好代建项目建账核算工作，严格资金管理，确保专款专用。

（5）代建管理费要与代建单位的代建内容、代建绩效挂钩，计入项目建设成本，在工程概算中列支。

（6）代建项目实施完成并通过竣工验收后，经竣工决算审计确认，决算投资较代建合同约定项目投资有结余，按照财政部门相关规定，从项目结余资金中提取一定比例奖励代建单位。

第二节　代建项目会计核算

按财政部《政府会计准则制度解释第2号》规定，代建项目的会计核算包括“建设单位的会计核算”和“代建单位的会计核算”两个方面。

一、建设单位会计核算

项目建设单位依据代建单位提供的项目明细支出、建设工程进度和项目建设成本等资料，归集“在建工程”成本，及时核算所形成的“在建工程”资产，全面核算项目建设成本等情况。有关账务处理如下：

（1）拨付代建单位工程款时，财务会计按照拨付的款项金额，借记“预付账款—预付工程款”科目，贷记“财政拨款收入”“银行存款”等科目；同时，预算会计借记“行政支出”“事业支出”等科目，贷记“财政拨款预算收入”“资金结存”科目。

（2）按照工程进度结算工程款或年终代建单位对账确认在建工程成本时，财务会计按照确定的金额，借记“在建工程”科目下的“建筑安装工程投资”等明细科目，贷记“预付账款—预付工程款”等科目，预算会计不做处理。

（3）确认代建管理费时，财务会计按照确定的金额，借记“在建工程”科目下的“待摊投资”明细科目，贷记“预付账款—预付工程款”等科目，预算会计不做处理。

（4）项目完工交付使用资产时，按照代建单位转来在建工程成本中尚未确认入账的金额，财务会计借记“在建工程”科目下的“建筑安装工程投资”等明细科目，贷记“预付账款—预付工程款”等科目，预算会计不做处理；同时，按照在建工程成本，财务会计借记“固定资产”“公共基础设施”等科目，贷记“在建工程”科目，预算会计不做处理。

工程结算、确认代建费或竣工决算时涉及补付资金的，财务会计应当在确认在建工程的同时，按照补付的金额，借记“在建工程”科目，贷记“财政拨款收入”“银行存款”等科目；同时，预算会计借记“事业支出”科目，贷记“财务拨款预算收入”“资金结存—货币资金”科目。

二、代建单位会计核算

代建单位为事业单位的，应当设置“1615代建项目”一级科目，并与建设单位相对应，按照工程性质和类型设置“建筑安装工程投资”“设备投资”“待摊投资”“其他投资”“待核销基建支出”“基建转出投资”等明细科目，对所承担的代建项目建设成本进行会计核算，全面反映工程的资金资源消耗情况；同时，在“代建项目”科目下设置“代建项目转出”明细科目，通过工程结算或年终对账确认在建工程成本的方式，将代建项目的成本转出，体现在建设单位相应“在建工程”账上。年末，“代建项目”科目应无余额。

代建单位的有关账务处理如下：

（1）收到建设单位拨付的建设项目资金时，财务会计按照收到的款项金额，借记“银行存款”等科目，贷记“预收账款—预收工程款”科目，预算会计不做处理。

（2）工程项目使用资金或发生其他耗费时，财务会计按照确定的金额，借记“代建项目”科目下的“建筑安装工程投资”等明细科目，贷记“银行存款”“应付职工薪酬”“工程物资”“累计折旧”等科目，预算会计不做处理。

（3）按工程进度与建设单位结算工程款或年终与建设单位对账确认在建工程成本并转出时，财务会计按照确定的金额，借记“代建项目—代建项目转出”科目，贷记“代建项目”科目下的“建筑安装工程投资”等明细科目；同时，借记“预收账款—预收工程款”等科目，贷记“代建项目—代建项目转出”科目。

（4）确认代建费收入时，财务会计按照确定的金额，借记“预收账款—预收工程款”等科目，贷记“事业收入”科目；同时，在预算会计中借记“资金结存”科目，贷记“事业预算收入”科目。

（5）项目完工交付使用资产时，按照代建项目未转出的在建工程成本，借记“代建项目—代建项目转出”科目，贷记“代建项目”科目下的“建筑安装工程投资”等明细科目，同时，借记“预收账款—预收工程款”等科目，贷记“代建项目—代建项目转出”科目。

工程竣工决算时收到补付资金的，按照补付的金额，借记“银行存款”等科目，贷记“预收账款—预收工程款”科目。

三、会计核算案例

某水库工程概算总投资6亿元，建设单位为某市水务局（以下称为A单位），工程建设采用代建制管理模式，代建单位为某工程建设管理中心（以下称为B单位），公益二类事业单位。

A、B双方于2019年12月签订代建协议，代建模式为建设实施代建，A单位委托B单位承担水库工程从施工准备至竣工验收的建设管理工作。

【10-1】　A单位（建设单位）向B单位（代建单位）拨付工程款

2020年1月25日，A单位通过预算管理一体化管理体系，拨付代建单位工程款80,000,000.00元。

该业务涉及A、B两个单位，因此，建设单位和代建单位都应进行账务处理，做会计分录分别如下。

（1）A单位（建设单位）：

财务会计：

借：预付账款—预付工程款—B单位　　80,000,000.00

　贷：财政拨款收入　　80,000,000.00

预算会计：

借：事业支出—财政拨款支出—项目支出　　80,000,000.00

　贷：财政拨款预算收入　　80,000,000.00

（2）B单位（代建单位）：

财务会计：

借：银行存款　　80,000,000.00

　贷：预收账款—预收工程款—A单位　　80,000,000.00

预算会计不做处理。

【10-2】 2020年1月30日，B单位（代建单位）用银行存款支付设计费5,000,000.00元。B单位做会计分录如下。

财务会计：

借：代建项目—待摊投资—设计费　　5,000,000.00

　贷：银行存款　　5,000,000.00

预算会计不做处理。

【10-3】 2020年3月21日，B单位（代建单位）用银行存款支付该水库部分工程款10,000,000.00元。B单位做会计分录如下。

财务会计：

借：代建项目—建筑安装工程投资　　10,000,000.00

　贷：银行存款　　10,000,000.00

预算会计不做处理。

【10-4】 2020年4月23日，B单位（代建单位）用银行存款支付设备款8,000,000.00元。B单位做会计分录如下。

财务会计：

借：代建项目—设备投资　　8,000,000.00

　贷：银行存款　　8,000,000.00

预算会计不做处理。

【10-5】 2020年5月11日，B单位（代建单位）用银行存款支付临时设施费22,000,000.00元。B单位做会计分录如下。

财务会计：

借：代建项目—待摊投资—临时设施费　　22,000,000.00

　贷：银行存款　　22,000,000.00

预算会计不做处理。

【10-6】 2020年6月16日，B单位（代建单位）用银行存款支付监理费1,000,000.00元。B单位做会计分录如下。

财务会计：

借：代建项目—待摊投资—监理费　　1,000,000.00

　贷：银行存款　　1,000,000.00

预算会计不做处理。

【10-7】 代建单位与建设单位对账，确认在建工程成本

2020年12月31日，B单位向A单位提供某水库工程2020年发生的各类明细支出资料，总结归类主要为：大坝等建筑安装成本60,000,000.00元、闸门等制造成本

18,000,000.00元，设计费、临时设施费等支出80,000,000.00元。

对账涉及A、B两个单位，因此，建设单位和代建单位都应进行账务处理，做会计分录分别如下。

（1）A单位（建设单位）。

财务会计：

借：在建工程—建筑安装工程投资（略）　60,000,000.00
　　　　　—设备投资（略）　18,000,000.00
　　　　　—待摊投资（略）　80,000,000.00
　贷：预付账款—预付工程款—B单位　158,000,000.00

预算会计不做处理。

（2）B单位（代建单位）。

财务会计：

借：代建项目—代建项目转出　158,000,000.00
　贷：代建项目—建筑安装工程投资　60,000,000.00
　　　　　　—设备投资　18,000,000.00
　　　　　　—待摊投资　80,000,000.00

同时

借：预收账款—预收工程款—A单位　158,000,000.00
　贷：代建项目—代建项目转出　158,000,000.00

预算会计不做处理。

【10-8】　确认代建管理费

2020年12月31日，根据代建协议，经A单位审核，确认本年度代建管理费为3,000,000.00元。

确认代建管理费涉及A、B两个单位，因此，建设单位和代建单位都应进行账务处理，做会计分录分别如下。

（1）A单位（建设单位）。

财务会计：

借：在建工程 —待摊投资—代建管理费　3,000,000.00
　贷：预付账款—预付工程款—B单位　3,000,000.00

预算会计不做处理。

（2）B单位（代建单位）。

财务会计：

借：预收账款—预收工程款—A单位　3,000,000.00
　贷：事业收入　3,000,000.00

预算会计：

借：资金结存—货币资金　3,000,000.00
　贷：事业预算收入　3,000,000.00

【10-9】　项目完工交付使用资产

项目完工交付使用资产的账务处理与年终对账确认在建工程成本基本一致，区别在于建设单位需加记建设资金从“在建”转为“建成”的分录。

2022年8月26日，水库工程完工，A、B单位进行了最终对账，确认水库工程最终支出规模为600,000,000.00元，支出的总体结构为：建筑安装工程投资240,000,000.00元、设备投资25,000,000.00元、其他投资6,000,000.00元、待摊投资329,000,000.00元。

水库工程形成交付使用资产600,000,000.00元，其中：固定资产8,500,000.00元、无形资产1,500,000.00元、水利基础设施590,000,000.00元。

项目完工交付使用资产时涉及的在建工程成本在A、B两个单位之间的转入转出，账务处理与年度对账时一致，不再赘述。

A单位在完成在建工程成本转入的会计核算后，尚需根据支出结构和形成资产的结构进行以下账务处理：

财务会计：

借：固定资产	8,500,000.00	
无形资产	1,500,000.00	
公共基础设施—水利基础设施	590,000,000.00	
贷：在建工程—建筑安装工程投资（略）		240,000,000.00
—设备投资（略）		25,000,000.00
—其他投资（略）		6,000,000.00
—待摊投资（略）		329,000,000.00

预算会计不做处理。

第三节　常见问题及重点关注

一、常见问题

（一）代建管理费支出超过核定的项目管理费

某水利基本建设项目采用代建制方式进行建设，核定项目建设管理费210万元，在项目建设期间，项目建设单位同时列支了项目建设管理费20万元和代建管理费210万元，代建管理费超过核定的项目管理费。

不符合《基本建设项目建设成本管理规定》第八条“……实行代建制管理的项目，一般不得同时列支代建管理费和项目建设管理费，确需同时发生的，两项费用之和不得高于本规定的项目建设管理费限额……”的规定。

（二）代建管理费的支付未能与工程进度和建设质量相结合

某水利建设项目采用代建制方式进行建设，代建管理费70万元，已全部支付代建单位。检查时发现工程建设工期超过代建合同工期，工程质量不合格。

不符合《基本建设项目建设成本管理规定》第八条“……代建管理费核定和支付应当与工程进度、建设质量结合，与代建内容、代建绩效挂钩，实行奖优罚劣……”的规定。

（三）代建项目会计核算不规范

某市重点水利工程建设管理中心，以代建制方式承担H省水利厅水利运行中心的河道治理工程，该市重点水利工程建设管理中心会计核算时在“在建工程”进行会计核算，未在“1615代建项目”及明细科目进行会计核算。

不符合《政府会计准则制度解释第2号》八（二）2“关于代建单位的账务处理，代建单位为事业单位的，应当设置‘1615代建项目’一级科目，并与建设单位相对应，按照工程性质和类型设置‘建筑安装工程投资’‘设备投资’‘待摊投资’‘其他投资’‘待核销基建支出’‘基建转出投资’等明细科目，对所承担的代建项目建设成本进行会计核算，全面反映工程的资金资源消耗情况……”的规定。

二、重点关注

（一）建设单位会计核算

（1）明确会计核算主体。实行代建制的建设项目，代建单位不是项目的会计核算主体。项目的会计核算主体是水利基本建设项目建设单位，即：负责编报基本建设项目预决算的单位。代建单位是配合单位，配合建设单位做好项目会计核算和财务管理的基础工作。

（2）明确建设单位的会计核算和财务管理职责。项目建设单位不仅核算建设资金的筹集与拨付，还要参与基本建设支出的核算与管理，掌握项目的日常成本等信息。

（二）代建单位会计核算

（1）代建单位对所承担的代建项目建设成本进行会计核算，全面反映工程的资金资源消耗情况，并通过工程结算或年终对账的方式，向建设单位提供项目明细支出、建设工程进度和项目建设成本等资料。

（2）代建单位需要按要求设置“代建项目”会计科目核算代建项目的建设成本，不能习惯性继续使用“在建工程”归集发生的基本建设支出。

第十一章 会 计 报 表

第一节 概 述

水利基本建设项目会计报表是指水利基本建设项目建设单位通过一定时期内收入、支出、年初结转和结余、主要指标变动、预决算差异以及资产负债等指标运用，真实、准确、完整反映水利基本建设项目预算执行、投资控制、绩效目标管理及资产负债等财务状况。具体包括年度部门决算报表、年度政府财务报告、基本建设项目竣工财务决算报表以及其他各类报表。

第二节 政府会计制度下财务报表

在政府会计制度框架下，水利基本建设项目会计报表也应具备预算会计与财务会计双重功能：预算类会计报表，主要为部门决算报表，应准确完整反映政府预算收入、预算支出和预算结余等预算执行信息；财务类会计报表，主要为政府财务报告，应全面准确反映政府的资产、负债、净资产、收入、费用等财务信息。政府会计制度框架下的这两类报表适度分离并相互衔接，全面、清晰地反映基本建设项目预算执行情况和整体财务状况。

一、部门决算报表

部门决算报表以收付实现制预算会计核算为基础，以反映年度预算执行结果的部门决算主表及反映与预决算管理相关统计信息的部门决算附表为核心，全面、准确反映部门所有预算收支和结余执行结果及绩效等情况的综合性年度报告，是改进部门预算执行以及编制后续年度部门预算的参考和依据。

（一）报告体系设计

部门决算报告体系包括决算报表、报表说明和决算分析等。决算报表包括报表封面、主表、附表等，反映部门和单位收支预算执行结果以及与预算管理相关的机构人员、存量资产等信息。报表说明包括报表编制基本情况、数据审核情况，以及需要说明的重要事项等，主要反映决算报表编制的相关情况。决算分析包括收支预算执行、机构人员、预算绩效等情况分析，以及决算管理工作开展情况，主要反映部门预决算管理及预算执行情况。

（二）编报前的准备工作

项目建设单位应当全面清理核实收入、支出等情况，并在办理年终结账的基础上编制决算。具体程序如下：

（1）清理收支账目、往来款项，核对年度预算收支和各项缴拨款项，做到账实相符、账证相符、账表相符、表表相符。对暂收暂付款项进行全面清理，并对于纳入本年度部门预算管理的暂收暂付款项进行预算会计处理，确认相关预算收支，确保预算会计信息能够完整反映本年度部门预算收支执行情况。

(2) 按照规定的时间结账，不得提前或者延迟。

(3) 根据预算会计核算生成的数据、财政部门对预算的批复文件等编制决算，如实反映年度内全部收支，不得以估计数据替代，不得弄虚作假。

(三) 部门决算报表内容

部门决算报表框架如图 11-1 所示。

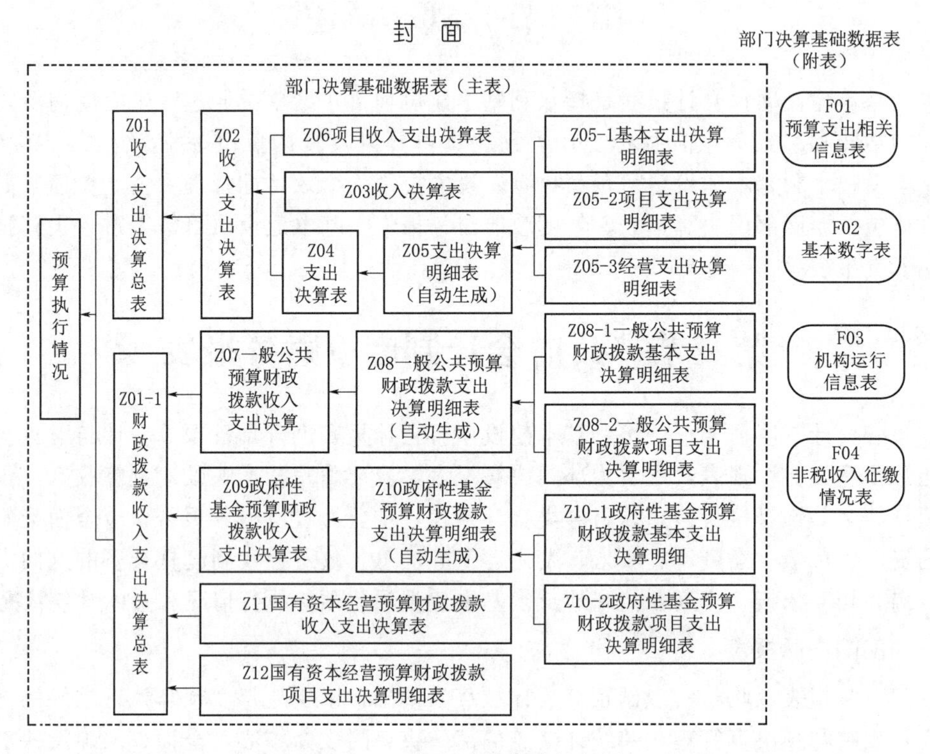

图 11-1　部门决算报表框架图

根据图 11-1，部门决算报表的填报顺序建议如下。

(1) 提取上年数后做调整。自动提取上年数（Z02、Z07、Z09、Z12 表的本年年初数会自动提取上年度的年末数）→若年初余额有调整，先做 CS01 表再调整涉及 Z02、Z07、Z09 表的年初结转结余数。

(2) 按照先明细表后汇总表的顺序填报。

1) Z05-1 表（填写）、Z05-2 表（填写）→Z03 表、财决 04 表→Z02 表。

2) Z08-1 表（填写）、Z08-2 表（填写）→Z07 表。

3) Z10-1 表（填写）、Z10-2 表（填写）→Z09 表。

4) Z12→Z11。

5) Z01 表和 Z01-1 表（年初预算数、调整预算数）。

6) F01 表。

7) F02 表→F03 表。

8）F04 表。

9）CS03 表等填报说明附表。

（四）部门决算编表注意事项

部门决算报表内含多套报表，但大多是围绕财政拨款的收、支、余三个方面多维度展开填报，且部分报表可以自动获取数据，下面仅选择与水利基本建设工程相关的部分报表介绍如下：

（1）收入支出决算总表（Z01 表），如表 11－1 所示。本表反映单位本年度的预、决算收支和年末结转结余情况。年初预算数为填列经同级财政部门批复的年初预算数。调整预算数为填列经调整后的全年预算数，包括年初预算数和预算调增调减数。年初结转和结余调整预算数为填列已经财政部门批复的上年度决算年末结转和结余数（如涉及财政收回存量资金，中央部门应相应减去财政收回结转和结余数），即：年初结转和结余的调整预算数＝上年度决算批复年末结转和结余数＋经预算批复的结转和结余调增数－经预算批复的结转和结余调减数（含财政收回结转结余）。

（2）项目支出决算明细表（Z05－2 表），如表 11－2 所示。本表反映水利基本建设工程本年度投资支出的明细情况，与工程建设有关的各项支出均在此表中填报，根据工程支出实际付款数，按支出功能分类科目分“类”“款”“项”并分项目逐一填列。资本性支出（基本建设）反映切块由发展与改革部门安排的基本建设支出，具体反映为由发展与改革部门集中安排的用于购置固定资产、战略性和应急性储备、土地和无形资产，以及购建基础设施、大型修缮所发生的一般公共预算财政拨款支出。

（3）项目收入支出决算表（Z06 表），如表 11－3 所示。本表反映水利基本建设项目建设单位本年度项目资金收入、支出、结转和结余情况，根据单位项目资金收支明细账的发生数，按支出功能分类科目分“类”“款”“项”并分项目逐一填列。如项目属性选择“发展改革委安排的基建项目”，那么表 11－4（Z06 表）中的“资金来源—财政拨款—其中：基本建设支出拨款”填列的数字应等于“支出数—财政拨款”等于表 11－3（Z05－2 表）中的资本性支出（基本建设）的数字。

（4）年初结转和结余调整情况表，如表 11－4 所示。单位年初结转和结余原则上应与上年年末结转和结余一致。如有审计部门调整意见、财政部门收回、重新核定结余、主管部门拨付上年未及拨付所属单位款项、单位收回以前年度已列支的经费等情况，应将年初结转和结余调整的金额、原因、依据等，根据单位账务处理，填报“年初结转和结余调整情况表”，并在决算填报说明中详细说明。

二、政府财务报告

政府财务报告以权责发生制财务会计核算为基础，以编制和报告政府资产负债表、收入费用表等报表为核心，全面、准确反映水利基本建设项目建设单位整体财务状况、运行情况，对提升财务管理水平，提高财政支出透明度，改进财政资金绩效管理，防范财政风险，服务推进国家治理体系和治理能力现代化具有重要意义。

（一）政府部门财务报告主要内容

政府部门财务报告应当包括财务报表和财务分析。财务报表包括会计报表和报表附注。会计报表包括资产负债表、收入费用表。

表 11-1

收入支出决算总表

编制单位

财决 01 表
金额单位：元

收入					支出									
项　　目	行次	年初预算数	调整预算数	决算数	项目（按功能分类）	行次	年初预算数	调整预算数	决算数	项目（按支出性质和经济分类）	行次	年初预算数	调整预算数	决算数
栏次		1	2	3	栏次		4	5	6	栏次		7	8	9
一、一般公共预算财政拨款收入	1				一、一般公共服务支出	32				一、基本支出	58			
二、政府性基金预算财政拨款收入	2				二、外交支出	33				人员经费	59			
三、国有资本经营预算财政拨款收入	3				三、国防支出	34				公用经费	60			
四、上级补助收入	4				四、公共安全支出	35				二、项目支出	61			
五、事业收入	5				五、教育支出	36				其中：基本建设类项目	62			
六、经营收入	6				六、科学技术支出	37				三、上缴上级支出	63			
七、附属单位上缴收入	7				七、文化旅游体育与传媒支出	38				四、经营支出	64			
八、其他收入	8				八、社会保障和就业支出	39				五、对附属单位补助支出	65			
	9				九、卫生健康支出	40					66			
	10				十、节能环保支出	41					67			
	11				十一、城乡社区支出	42				经济分类支出合计	68	—	—	
	12				十二、农林水支出	43				一、工资福利支出	69	—	—	
	13				十三、交通运输支出	44				二、商品和服务支出	70	—	—	
	14				十四、资源勘探工业信息等支出	45				三、对个人和家庭的补助	71	—	—	
	15				十五、商业服务业等支出	46				四、债务利息及费用支出	72	—	—	

续表

收入					支出									
项　目	行次	年初预算数	调整预算数	决算数	项目（按功能分类）	行次	年初预算数	调整预算数	决算数	项目（按支出性质和经济分类）	行次	年初预算数	调整预算数	决算数
栏次		1	2	3	栏次		4	5	6	栏次		7	8	9
	16				十六、金融支出	47				五、资本性支出（基本建设）	73	—	—	
	17				十七、援助其他地区支出	48				六、资本性支出	74	—	—	
	18				十八、自然资源海洋气象等支出	49				七、对企业补助（基本建设）	75	—	—	
	19				十九、住房保障支出	50				八、对企业补助	76	—	—	
	20				二十、粮油物资储备支出	51				九、对社会保障基金补助	77	—	—	
	21				二十一、国有资本经营预算支出	52				十、其他支出	78	—	—	
	22				二十二、灾害防治及应急管理支出	53					79			
	23				二十三、其他支出	54					80			
	24				二十四、债务还本支出	55					81			
	25				二十五、债务付息支出	56					82			
	26				二十六、抗疫特别国情安排的支出	57					83			
本年收入合计	27				本年支出合计						84			
使用非财政拨款结余	28				结余分配						85	—	—	
年初结转和结余	29				年末结转和结余						86			
	30										87			
总计	31				总　计						88			

表 11-2

项目支出决算明细表

单位：元

项目			合计	资本性支出（基本建设）												
支出功能分类科目编码	科目名称（二级项目名称）	基建项目属性		小计	房屋建筑物构建	办公设备购置	专用设备购置	基础设施建设	大型修缮	信息网络及软件购置更改	物资储备	公务用车购置	其他交通工具购置	文物和陈列品购置	无形资产购置	其他资本建设性支出
类 款 项	栏次	—	1	62	63	64	65	66	67	68	69	70	71	72	73	74
	合计	—														
213	农林水支出															
21303	水利															
2130305	水利工程建设															
2130305		发展改革安排的基建项目														

表 11-3

项目收入支出决算表

单位：元

项目			资金来源						支出数			使用非财政拨款结余	结余分配	年末结转和结余			
支出功能分类科目编码	科目名称（二级项目名称）	基建项目属性	合计	年初结转和结余		财政拨款		其他资金	合计	财政拨款	其他资金			合计	中：财政拨款结余		
				小计	其中：财政拨款	小计	其中：基本建设								小计	财政拨款结转	财政拨款结余
类 款 项	栏次	—	1	2	3	4	5	6	7	8	9	10	11	12	13	14	15
	合计	—															
213	农村水支出																
21303	水利																
2130305	水利工程建设																

表 11-4

年初结转和结余调整情况表

单位：元

项目		调整前年初结转和结余			变动项目																								调整后年初结转和结余			备注
支出功能分类科目编码	科目名称	合计	其中		合计	其中		会计差更错			收回以前年度支出			归集调入			归集调出			归集上缴和缴回资金			单位内部调剂			其他			合计	其中		
			一般公共预算财政拨	政府性基金预算财政		一般公共预算财政拨	政府性基金预算财政	小计	其中		小计	其中		小计	其中		小计	其中		小计	其中		小计	其中		小计	其中			一般公共预算财政拨	政府性基金预算财政	
									一般公共预算财政拨	政府性基金预算财政		一般公共预算财政拨	政府性基金预算财政		一般公共预算财政拨	政府性基金预算财政		一般公共预算财政拨	政府性基金预算财政		一般公共预算财政拨	政府性基金预算财政		一般公共预算财政拨	政府性基金预算财政		一般公共预算财政拨	政府性基金预算财政				
类 款 项	栏次	1	2	3	4	5	6	7	8	9	10	11	12	13	14	15	16	17	18	19	20	21	22	23	24	25	26	27	28	29	30	31
	合计																															
213																																
21303																																
2130305																																

（1）资产负债表。资产负债表重点反映水利基本建设项目建设单位年末财务状况。资产负债表应当按照资产、负债和净资产分类分项列示。其中，资产应当按照流动性分类分项列示，包括流动资产、非流动资产等；负债应当按照流动性分类分项列示，包括流动负债、非流动负债等。

（2）收入费用表。反映水利基本建设项目建设单位年度运行情况。收入费用表应当按照收入、费用和盈余分类分项列示。

（3）报表附注。报表附注重点对财务报表作进一步解释说明，一般应当按照下列顺序披露：①会计报表编制基础；②遵循相关制度规定的声明；③合并范围；④重要会计政策与会计估计变更情况；⑤会计报表重要项目明细信息及说明；⑥需要说明的其他事项。

部门财务分析主要包括财务状况分析、运行情况分析、相关指标变化情况及趋势分析，以及水利基本建设项目建设单位财务管理方面采取的主要措施和取得成效等。

（二）政府财务报告编制

项目建设单位应当严格按照相关财政财务管理制度以及会计制度规定，全面清查核实单位的资产负债，做到账实相符、账证相符、账账相符、账表相符。对代表政府管理的资产，应全面清查核实，完善基础资料，全面、准确、真实、完整地反映。

项目建设单位采用建设方式配置资产的，应当严格按照《行政事业性国有资产管理条例》规定，在建设项目竣工验收合格后及时办理资产交付手续，并在规定期限内办理竣工财务决算，期限最长不得超过1年。对已交付但未办理竣工财务决算的建设项目，应当按照《政府会计准则制度解释第4号》要求，按照建设项目估计价值入账，待办理竣工财务决算后再按实际成本调整原来的暂估价值。项目建设单位按照《会计报表项目对照表》，将本单位会计报表中的资产、负债、净资产、收入和费用类项目金额填入资产负债表、收入费用表对应的报表项目。资产负债表的年初数原则上应与上年的年末数相等。收入费用表的上年数原则上应与上年的本年数相等。涉及会计差错更正、会计政策变更等调整以前年度盈余事项的，资产负债表年初数按调整后的数据填列。

会计报表附注编制需要说明的有关事项：使用债务资金形成的固定资产、公共基础设施、保障性住房等资产的账面价值、使用情况、收益情况及与此相关的债务偿还情况；重要资产置换、无偿调入（出）、捐入（出）、报废、重大毁损等情况的说明；对于政府部门管理的公共基础设施、文物文化资产、保障性住房、自然资源资产等重要资产，披露种类和实物量等相关信息。

因水利基本建设项目政府部门财务报告为格式型框架，其报表主要涉及资产负债表等，其他诸如收入费用表、净资产变动表及合并报表等较少涉及，故具体编制步骤不在这里一一说明。

第三节　竣工财务决算报表

在本书编制期间，2023年8月16日，水利部关于批准发布《水利基本建设项目竣工财务决算编制规程》（SL/T 19—2023）水利行业标准公告（2023年第17号），并于2023年11月16日实施。本书对竣工财务决算报表编制相关内容及时进行了更新。

一、编制责任主体

竣工财务决算由项目建设单位或项目责任单位组织编制，设计、监理、施工、征地和移民安置实施等单位应予以配合。工程类项目的责任主体为项目建设单位，非工程类项目的责任主体为项目责任单位。项目投资计划（预算）分别下达至两个或两个以上项目建设单位实施的，应由项目建设单位分别编制竣工财务决算。

竣工财务决算批复之前，项目建设单位已经撤销的，撤销该项目建设单位的单位应指定有关单位承接相关的责任。

二、编制分工

编制竣工财务决算是一项综合性、技术性和专业性较强的工作，单靠财务人员很难完成竣工财务决算所有内容的编制，必须由其他部门、其他专业人员参与，共同编制。项目建设单位应制定竣工财务决算编制方案，将编制职责落实到部门和人员。财务部门负责竣工财务决算的具体编制工作，相关部门按职责完成竣工财务决算编制的相应工作。

以工程类项目为例，各部门的分工如图 11-2 所示。

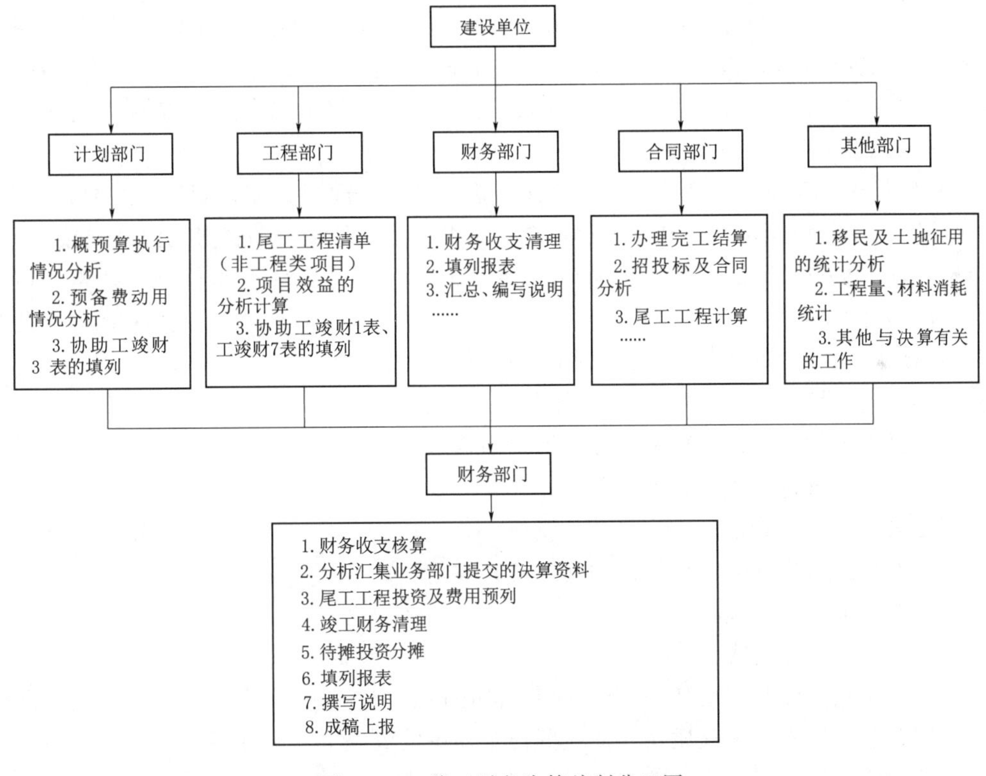

图 11-2　竣工财务决算编制分工图

三、编制要求

（1）建设项目竣工验收前，应当编制竣工财务决算。竣工财务决算按照财政部《基本建设财务规则》、水利部《水利基本建设项目竣工财务决算编制规程》和财政部《基本建设项目竣工财务决算管理暂行办法》等进行编制与上报，竣工财务决算应当控制在批准的初步设计概算范围内。竣工财务决算必须按国家《会计档案管理办法》要求整理归档永久保存。

项目建设单位应对竣工财务决算的真实性、完整性负责。项目建设单位主要负责人对竣工财务决算的编制工作负总责。项目建设单位应组织财务计划统计、工程技术和物资等部门人员组成专门班子共同完成此项工作。项目建设单位可委托具有相关资质和相应专业人员的社会中介机构或有能力的单位承担竣工财务决算编制工作。设计、监理、施工、征地拆迁和移民安置等单位应积极配合项目建设单位做好编制工作。

(2) 在编制基本建设项目竣工财务决算前，项目建设单位应认真做好各项清理工作。清理工作主要包括基本建设项目档案资料的归集整理、账务处理、财产物资的盘点核实及债权债务的清偿，做到账账、账证、账实、账表相符。各种材料、设备、工具、器具等，要逐项盘点核实、填列清单，妥善保管，或按照国家规定进行处理，不准任意侵占、挪用。

(3) 在编制项目竣工财务决算时，项目建设单位应当按照规定将待摊投资支出按合理比例分摊计入交付使用资产价值、转出投资价值和待核销基建支出。

(4) 项目一般不得预留尾工工程，确需预留尾工工程的，大中型工程项目尾工工程投资及预留费用控制在总概算的3%以内，小型工程控制在5%以内。非工程类项目除预留与项目验收有关的费用外，不得预留其他费用。项目建设单位要抓紧实施项目尾工工程，加强对尾工工程资金使用的监督管理。

(5) 项目隶属关系发生变化时，应当按照规定及时办理财务关系划转。主要包括各项资金来源、已交付使用资产、在建工程、结余资金、各项债权及债务等的清理交接。

(6) 竣工财务决算在提交竣工决算审计前，应报上级水利主管部门进行技术性审查。竣工决算审计后，项目建设单位应依据审计报告（审计决定）对竣工财务决算进行调整，并按规定逐级上报主持验收的水利主管部门和财政部门。

(7) 基本建设项目竣工财务决算的条件，主要包括：

1) 经批准的初步设计、项目任务书所确定内容已经完成。

2) 设计变更及概（预）算调整手续已完备。

3) 建设资金全部到位。

4) 历次稽察、检查、审计提出的问题已整改落实。

5) 债权债务清理完成。

6) 完工结算已经完成。

7) 尾工工程投资和预留费用不超过规定的比例。

8) 涉及法律诉讼、工程质量、征地拆迁及移民安置等事项已处理完毕。

9) 其他影响竣工财务决算编制的重大问题已解决。

(8) 编制期限：大中型工程类项目应在满足编制条件后三个月内完成、小型工程类项目为一个月内完成。如有特殊情况无法在规定期限内完成的，应说明理由和延期时间报经竣工验收主持单位同意。

(9) 基本建设项目竣工财务决算的内容，主要包括以下两个部分：

1) 基本建设项目竣工财务决算报表，主要有以下内容：封面；水利基本建设项目概况表；水利基本建设项目财务决算表及附表；水利基本建设项目投资分析表；水利基本建设项目尾工工程投资及预留费用表；水利基本建设项目待摊投资明细表；水利基本建设项目待摊投资分摊表；水利基本建设项目交付使用资产表；水利基本建设项目待核销基建支出表；水利基本建设项目转出投资表。

2）竣工财务决算说明书，主要包括以下内容：基本建设项目概况；财务管理情况；年度投资计划、预算（资金）下达及资金到位情况；概（预）执行情况；招（投）标、政府采购及合同（协议）执行情况；建设征地移民补偿情况；重大设计变更及预备费动用情况；尾工工程投资及预留费用情况；审计、稽察、财务检查整改落实情况；绩效管理情况；报表编制说明。

（10）建设项目包括两个或两个以上独立概算的单项工程竣工并交付使用时，应编制单项工程竣工财务决算。建设项目是大中型项目而单项工程是小型的应按大中型项目编制内容编制单项工程竣工财务决算。整个建设项目全部竣工后，还应汇总编制该项目的竣工财务决算。

（11）建设项目符合国家规定的竣工验收条件，若尚有少量尾工工程及竣工验收等费用，可预计纳入竣工财务决算。大中型工程项目尾工工程投资及预留费用控制在总概算的3%以内，小型工程控制在5%以内。非工程类项目除预留与项目验收有关的费用外，不得预留其他费用。

（12）竣工财务决算经审计并完成整改落实后，项目建设单位应及时向竣工验收主持单位申请竣工验收。项目建设单位应根据竣工验收意见对竣工财务决算进行调整。

（13）项目建设单位上报竣工财务决算应包括以下资料：

1）竣工财务决算。

2）竣工财务决算审查意见。

3）竣工决算审计结论及整改落实情况。

4）项目竣工验收（审查验收）鉴定书或验收意见及整改落实情况。

5）尾工工程投资及预留费用安排使用情况。

6）债权债务清理情况。

7）审批单位要求提供的其他资料。

对竣工财务决算基准日至上报日期间尾工工程投资及预留费用安排使用情况、债券债务清理情况等发生变化的部分，项目建设单位应在上报时予以说明。

四、报表样式简介

（一）填表注意事项简述

（1）在“水利基本建设项目概况表”中：“概算批准文件”应按审批机关的全称、批复的文件名称和文号、批复日期填写。若概（预）算有调整的，应按最后一次审批机关的全称、批复的文件名称和文号、批复日期填写，并在竣工财务决算说明书具体说明原概算的修正情况及有关内容；“投资来源”按资金性质和来源渠道明细填写，概算数和实际数分别按最终批复的概算数额和资金实际到位数额填列；“实际完成工程量”应按实际完成工程量（含尾工工程部分）的统计结果填写；“主要材料消耗量”应按实际消耗量（不含库存量）的统计结果填写。

(2) 在“水利基本建设项目财务决算表”中：“资金来源”“基本建设支出”“交付资产”及其所属项目应反映从项目筹建之日起至竣工财务决算基准日止的累计数；“基本建设支出”所属项目按历年会计核算的有关资料汇总分析填列，其中“待核销基建支出”和“转出投资”不含应分摊的“待摊投资”；“基建结余资金”“基建收入”“基建借款期末余额”“货币资金”“应收款项”“应付款项”“尾工工程投资及预留费用”及其所属明细项目应按办理竣工财务决算时的结余数或相关科目的余额填列，其中计算和填列“基建结余资金”时，应减去工程抵扣的增值税进项税额。决算基准日期全部资产、负债和净资产的情况。根据具体会计制度，分为：水利基本建设项目财务决算表附表（政府会计制度）、水利基本建设项目财务决算表附表（企业会计准则）、水利基本建设项目财务决算表附表（国有建设单位会计制度）

(3) 在“水利基本建设项目投资分析表”中：“项目”应按批准的概（预）算项目填列；大型项目应按概算二级项目填报，中型项目按概算一级项目填报；预备费单独列示并反映其经批准的具体使用项目；概（预）算未列投资但实际发生投资支出的项目单独增列；“概（预）算价值”及其分栏内容应按项目概（预）算的内容填列，“实际价值”及其分栏内容应按实际发生的财务支出额填列；经批准纳入决算的尾工工程及费用应与该概算一级项目、概算二级项目的已完成投资合并反映。

(4) 在“水利基本建设项目尾工投资及预留费用表”中：“项目”应按批准的概（预）算项目填列；大型项目应按概算二级项目填报，中型项目应按概算一级项目填报；“尾工工程投资”的“工程量”应填列完整，“预留费用”的“工程量”应不填列。

(5) 在“水利基本建设项目待摊投资明细表”中，反映从项目筹建之日起至办理竣工财务决算之日止，“待摊投资”及其所属科目发生的累计数；各项目“金额”应按分摊待摊投资时，“待摊投资”所属明细科目的余额填列。

(6) 在“水利基本建设项目待摊投资分摊表”中：“资产名称”应按待摊投资分摊对象分析填列。“建筑工程投资”“安装工程投资”“设备投资”“其他投资”应根据各项的借方发生额分析填列。“待摊投资分摊”应反映待摊投资计入分摊对象的过程，分直接计入和间接计入。“资产价值”应按“直接成本”和“待摊投资分摊”相加的数额填列。

(7) 在“水利基本建设项目交付资产表”中：项目资产交付多个接收单位的，按不同接收单位分别填列；资产项目名称根据规定的资产分类结构，按资产具体项目名称填写；全部或部分由尾工工程投资形成的资产，要在备注中标明该资产未完部分的价值额。

(8) 在“水利基本建设项目待核销基建支出表”中：“费用项目”应按核销的支出明细项目设置和填列。“核销原因和依据”应说明相关的文件或政策依据。

(9) 在“水利基本建设项目转出投资表”中：“项目”应按项目配套的专用设施的内容逐项填列。“项目地点与特征”应填列专用设施的坐落位置及其结构、规格等特征。“产权单位”应填列专用设施的产权归属单位。“转出原因与依据”应说明相关的文件或政策依据。

（二）竣工财务决算报表样式

竣工财务决算报表样式如表 11－5～表 11－13 所示。

表 11－5　　**水利基本建设项目概况表**

工竣财 1 表

项目名称		项目法人		项目位置	
建设性质		主要设计单位		主要施工企业	
主管部门		主要监理单位		质量监督单位	
概算批准文件					

项目主要特征		项目投资/元	投资来源			实际投资	
			投资类别	概算数	实际数	1. 建筑安装工程投资	
			1.			2. 设备投资	
			2.			3. 待摊投资	
			3.			4. 其他投资	
						5. 待核销基建支出	
			合　计			6. 转出投资	

项目效益		工程主要建设情况					
		开工日期					
		竣工日期					
		实际完成工程量	1. 土方/万 m^3		建设征地移民补偿	1. 总补偿费/元	
			2. 石方/万 m^3			2. 永久征地/亩	
			3. 混凝土/m^3			其中：耕地/亩	
			4. 金属结构制作安装/t			林地/亩	
			5.			3. 临时占地/亩	
财务管理评价：		主要材料消耗量	1. 钢材/t			4. 移民安置人口/人	
			2. 木材/m^3			5. 专业项目	
			3. 水泥/t			(1) 交通工程/km	
			4. 油料/t			(2) 电信工程/km	
			5.			(3)	

表 11－6　　水利基本建设项目财务决算表

工竣财 2 表　　单位：元

项　　目	金额	备注
一、资金来源		
（一）基建拨款		
（二）项目资本		
（三）项目资本公积		
（四）基建借款		
（五）企业债券资金		
（六）自筹资金		
（七）其他资金		
二、基本建设支出		
（一）建筑安装工程投资		
（二）设备投资		
（三）待摊投资		
（四）其他投资		
（五）待核销基建支出		
（六）转出投资		
三、交付资产		
（一）固定资产		
（二）流动资产		
（三）无形资产		
（四）水利基础设施		
四、基建结余资金		
五、基建收入		
六、基建借款期末余额		
七、货币资金		
八、财政应返还额度		
九、应收款项		
十、应付款项		
十一、尾工工程投资及预留费用		
（一）尾工工程投资		
（二）预留费用		

表 11-6-1

水利基本建设项目财务决算附表
（政府会计制度）

工竣财 2 表-1　　单位：元

资　产	金额	负债和净资产	金额
流动资产：		流动负债：	
货币资金		应交增值税	
财政应返还额度		其他应交税费	
应收账款净额		应缴财政款	
预付账款		应付账款	
其他应收款净额		应付利息	
存货		其他应付款	
其他流动资产		其他流动负债	
流动资产合计		流动负债合计	
非流动资产：		非流动负债：	
固定资产原值		长期借款	
减：固定资产累计折旧		长期应付款	
固定资产净值		其他非流动负债	
工程物资		非流动负债合计	
在建工程		负债合计	
无形资产			
公共基础设施			
其他非流动资产			
非流动资产合计		净资产：	
		本期盈余	
		累计盈余	
		无偿调拨净资产	
		净资产合计	
资产总计		负债和净资产总计	

表 11-6-2　　水利基本建设项目财务决算附表

（企业会计准则）

工竣财 2 表-2　　单位：元

资　产	金额	负债和所有者权益	金额
流动资产：		流动负债：	
货币资金		应付账款	
应收账款		应付职工薪酬	
预付款项		应交税费	
其他应收款		其他应付款	
存货		其他流动负债	
其他流动资产		流动负债合计	
流动资产合计		非流动负债：	
非流动资产：		长期借款	
固定资产		应付债券	
其中：固定资产原价		长期应付款	
累计折旧		其他非流动负债	
固定资产减值准备		非流动负债合计	
在建工程		负债合计	
无形资产			
其他非流动资产			
非流动资产合计		所有者权益：	
		实收资本	
		国家资本	
		国有法人资本	
		集体资本	
		民营资本	
		外商资本	
		资本公积	
		所有者权益合计	
资产总计		负债和所有者权益总计	

表 11－6－3

水利基本建设项目财务决算附表
（国有建设单位会计制度）

工竣财 2 表－3　　单位：元

资金来源	金额	资金占用	金额
一、基建拨款		一、基本建设支出	
（一）中央财政资金		（一）交付使用资产	
（二）地方财政资金		1. 固定资产	
二、自筹资金（非负债性资金）		2. 流动资产	
三、项目资本		3. 无形资产	
四、项目资本公积		（二）在建工程	
五、基建借款		1. 建筑安装工程投资	
其中：企业债券资金		2. 设备投资	
六、待冲基建支出		3. 待摊投资	
七、应付款		4. 其他投资	
（一）应付工程款		（三）待核销基建支出	
（二）应付设备款		（四）转出投资	
（三）应付票据		二、应收生产单位投资借款	
（四）应付工资及福利费		三、货币资金	
（五）其他应付款		四、预付及应收款	
八、未交款		（一）预付备料款	
（一）未交税金		（二）预付工程款	
（二）未交结余财政资金		（三）预付设备款	
（三）未交基建收入		（四）其他应收款	
（四）其他未交款		五、固定资产	
		固定资产原价	
		减：累计折旧	
		固定资产净值	
		固定资产清理	
		待处理固定资产损失	
合　计		合　计	

注：资金来源合计扣除财政资金拨款与国家资本、资本公积重叠部分。

表 11－7　　水利基本建设项目投资分析表

工竣财 3 表　　单位：元

概算项目	概（预）算投资					实际投资					实际较概算增减	
	建筑工程	安装工程	设备价值	其他费用	合计	建筑工程	安装工程	设备价值	其他费用	合计	增减额	增减率/%
投资合计												

表 11－8　　水利基本建设项目尾工工程投资及预留费用表

序号	项　目	工　程　量				价　　值						
		计量单位	设计	已完	未完	概算	已完	未　　完				
								建筑	安装	设备	其他	合计
一	尾工工程投资											
二	预留费用											
	合　计											

工竣财 4 表　　单位：元

表 11-9　**水利基本建设项目待摊投资明细表**

工竣财5表　　单位：元

项　　目	金额	项　　目	金额
1. 勘察费		25. 社会中介机构审计（查）费	
2. 设计费		26. 工程检测费	
3. 研究试验费		27. 设备检验费	
4. 环境影响评价费		28. 负荷联合试车费	
5. 监理费		29. 固定资产损失	
6. 土地征用及迁移补偿费		30. 器材处理亏损	
7. 土地复垦及补偿费		31. 设备盘亏及毁损	
8. 土地使用税		32. 报废工程损失	
9. 耕地占用税		33. （贷款）项目评估费	
10. 车船税		34. 国外借款手续费及承诺费	
11. 印花税		35. 汇兑损益	
12. 临时设施费		36. 坏账损失	
13. 文物保护费		37. 借款利息	
14. 森林植被恢复费		38. 减：存款利息收入	
15. 安全生产费		39. 减：财政贴息资金	
16. 安全鉴定费		40. 企业债券发行费用	
17. 网络租赁费		41. 经济合同仲裁费	
18. 系统运行维护监理费		42. 诉讼费	
19. 项目建设管理费		43. 律师代理费	
20. 代建管理费		44. 航道维护费	
21. 工程保险费		45. 航标设施费	
22. 招投标费		46. 航测费	
23. 合同公证费		47. 其他	
24. 可行性研究费		合　计	

表 11－10　　水利基本建设项目待摊投资分摊表

单位：元

资产名称	直接成本						待摊投资分摊			资产价值
	建筑安装工程投资			设备投资	其他投资	小 计	直接计入	间接计入	小计	
	建筑工程投资	安装工程投资	小计							
合计										

工竣财 6 表　　单位：元

表 11－11　　水利基本建设项目交付使用资产表

接收单位：　　　　工竣财 7 表　　第　页　共　页　　单位：元

序号	资产名称	结构、规格、型号、特征	坐落位置	计量单位	单位价值	数 量	资产金额	备注
一	固定资产							
(一)	…							
1	…							
二	流动资产							
(一)	…							
1	…							
三	无形资产							
(一)	…							
1	…							
四	水利基础设施							
(一)	…							
1	…							
合 计								

表 11－12　　水利基本建设项目待核销基建支出表

工竣财 8 表　　单位：元

序号	费用或资产项目	单位	数量	金额	核销原因与依据
合　计					

表 11-13　　水利基本建设项目转出投资表

工竣财 9 表　　单位：元

序号	转出资产名称	资产位置与特征	产权单位	计量单位	数量	金额	转出原因与依据
合计							

本案例项目竣工财务决算基准日期为 2022 年 12 月 31 日，按照《水利基本建设项目竣工财务决算编制规程》(SL 19—2014) 进行编制。

五、报表案例

接续 H 省 A 水库基本建设项目案例，A 水库竣工财务决算说明书目录如下。

【11-1】　A 水库工程竣工财务决算说明书

(一) 项目基本情况

1. 工程概况
2. 立项、初设文件及投资批复
3. 主要技术设计指标
4. 工程主要建设内容
5. 工程建设管理组织机构和参建单位
6. 工程建设主要过程

(二) 财务管理情况

(三) 年度投资计划、预算 (资金) 下达及资金到位情况

1. 投资计划下达情况
2. 基本建设支出预算下达情况

3. 资金到位情况

(四) 概 (预) 算执行情况

1. 投资执行情况

2. 投资执行情况分析

(五) 招 (投) 标、政府采购及合同执行情况

1. 招（投）标情况

2. 政府采购情况

3. 合同执行情况

(六) 征地补偿和移民安置情况

1. 征地移民基本情况

2. 征地补偿和移民安置概况

3. 移民安置规划与实施情况

4. 移民资金拨付情况

(七) 重大设计变更及预备费动用情况

1. 重大设计变更

2. 预备费动用情况

(八) 未完工程投资及预留费用情况

(九) 审计、稽查、财务检查等发现问题及整改落实情况

1. 水利部稽察情况

2. H省审计厅审计情况

3. 竣工决算审计情况

(十) 其他需说明事项

1. 主要变更情况

2. 其他需说明事项

(十一) 编制说明

1. 编制主要依据

2. 决算基准日

3. 待摊投资分摊方法及依据说明

【11－2】　水利基本建设项目概况表（工竣财1表）

【11－3】　水利基本建设项目财务决算表（工竣财2表）

【11－4】　水利基本建设项目投资分析表（工竣财3表）

【11－5】　水利基本建设项目未完工程投资及预留费用表（工竣财4表）

【11－6】　水利基本建设项目成本表（工竣财5表）

【11－7】　水利基本建设交付使用资产表（工竣财6表）

【11－8】　水利基本建设项目待核销基建支出表（工竣财7表）

【11－9】　水利基本建设项目转出投资表（工竣财8表）

水利基本建设项目概况表

工竣财 1 表

<table>
<tr><td>项目名称</td><td>H 省 C 水库工程</td><td colspan="2">项目法人</td><td colspan="2">H 省 C 水库建设管理局</td><td>建设地址及所在河流</td><td>H 省 C 市　　* * 干流</td></tr>
<tr><td>建设性质</td><td>新建</td><td colspan="2">主要设计单位</td><td colspan="2">H 省水利勘测设计研究有限公司</td><td>主要施工企业</td><td>H 省水利建设工程公司</td></tr>
<tr><td>主管部门</td><td>H 省水利厅</td><td colspan="2">主要监理单位</td><td colspan="2">××工程建设监理有限公司</td><td>质量监督单位</td><td>H 省水利水电工程建设质量监测站</td></tr>
<tr><td colspan="2">概算批准文件</td><td colspan="6">水利部《关于 H 省 C 水库工程初步设计报告的批复》(水规计〔2019〕102 号) 2019 年 6 月 30 日</td></tr>
<tr><td colspan="2">项目主要特征</td><td rowspan="9">项目投资/元</td><td colspan="3">投资来源</td><td>实际投资</td><td>9,865,808,668.55</td></tr>
<tr><td>库容</td><td>12.51 亿 m³</td><td>项目</td><td>概算数</td><td>实际数</td><td>1. 建筑安装工程</td><td>1,106,245,661.22</td></tr>
<tr><td>坝顶高程</td><td>100.4m</td><td>中央投资</td><td></td><td>5,038,400,000.00</td><td>2. 设备投资</td><td>75,932,967.99</td></tr>
<tr><td>正常蓄水位</td><td>88m</td><td>省级投资</td><td></td><td>3,183,780,000.00</td><td>3. 待摊投资</td><td>8,659,557,517.09</td></tr>
<tr><td>坝顶长度</td><td>3261m</td><td>市级投资</td><td></td><td>1,200,000,000.00</td><td>4. 其他投资</td><td>877,582.18</td></tr>
<tr><td>防洪库容</td><td>6.91 亿 m³</td><td>银行贷款</td><td></td><td>447,420,000.00</td><td>5. 待核销基建支出</td><td></td></tr>
<tr><td>坝型</td><td>混凝土重力坝和黏土心墙坝混合坝型</td><td></td><td></td><td></td><td>6. 转出投资</td><td>23,194,940.07</td></tr>
<tr><td></td><td></td><td></td><td></td><td></td><td></td><td></td></tr>
<tr><td></td><td></td><td>合计</td><td>9,869,600,000.00</td><td>9,869,600,000.00</td><td></td><td></td></tr>
<tr><td></td><td></td><td rowspan="8">建设成本/元</td><td>项目</td><td colspan="2">总成本</td><td colspan="2">单位成本/元</td></tr>
<tr><td></td><td></td><td>防洪</td><td colspan="2">4,446,876,387.41</td><td colspan="2">6.44</td></tr>
<tr><td></td><td></td><td>供水</td><td colspan="2">4,170,343,245.23</td><td colspan="2">53.96</td></tr>
<tr><td></td><td></td><td>灌溉</td><td colspan="2">1,213,673,235.13</td><td colspan="2">14.13</td></tr>
<tr><td></td><td></td><td>发电</td><td colspan="2">34,915,800.78</td><td colspan="2">4.86</td></tr>
<tr><td></td><td></td><td></td><td colspan="2"></td><td colspan="2"></td></tr>
<tr><td></td><td></td><td></td><td colspan="2"></td><td colspan="2"></td></tr>
<tr><td></td><td></td><td>合计</td><td colspan="2">9,865,808,668.55</td><td colspan="2"></td></tr>
</table>

续表

项　目　效　益		项目主要建设情况					
防洪效益	1000年一遇洪水设计，年防洪效益31,840万元	开工日期	2019年8月1日				
年工业供水量	7,728万 m^3	竣工日期	2023年3月31日				
灌溉面积	50.6万亩	实际完成工程量	1. 土方/万 m^3	190.84	征地补偿和移民安置	1. 总补偿费/元	8,294,839,500.00
年发电量	757万kW·h		2. 石方/万 m^3	60.80		2. 永久征地/亩	981,32.00
			3. 混凝土/万 m^3	62.06		其中：耕地/亩	61,972.65
			4. 金属结构制作安装/t	1,821.80		林地/亩	6,512.63
						3. 临时占地/亩	3,610.00
						4. 迁移人口/人	38,644.00
财务管理评价：财务管理规范、会计核算清晰、内控制度健全		主要材料消耗量	1. 钢材/t	17,961.00		5. 土地补偿标准/(元/亩)	35,000.00
			2. 木材/m^3	550.00		6. 安置补助标准/(元/人)	500.00
			3. 水泥/t	198829.00			
			4. 油料/t				
			5				

水利基本建设项目财务决算表

工竣财 2 表　　单位：元

资金来源	金额	资金占用	金额
一、基建拨款	9,869,600,000.00	一、基本建设支出	9,865,808,668.55
中央投资	5,038,400,000.00	1. 交付使用资产	9,842,613,728.48
省级资金	3,183,780,000.00	2. 在建工程	
市级资金	1,200,000,000.00	3. 待核销基建支出	
		4. 转出投资	23,194,940.07
		二、应收生产单位投资借款	
		三、拨付所属投资借款	
		四、器材	
二、项目资本		其中：待处理器材损失	
三、项目资本公积		五、货币资金	94,769,301.25
四、基建投资借款	447,420,000.00	六、财政应返还额度	
五、上级拨入投资借款		七、预付及应收款	
六、企业债券资金		八、有价证券	
七、待冲基建支出		九、固定资产	
八、其他借款		固定资产原价	
九、应付款	90,977,969.80	减：累计折旧	
十、未交款		固定资产净值	
十一、上级拨入资金		固定资产清理	
十二、留成收入		待处理固定资产损失	
合　计	9,960,577,969.80	合　计	9,960,577,969.80

基建投资借款期末余额：447,420,000.00

基建结余资金：3,791,331.45

水利基本建设项目投资分析表

工竣财 3 表　　单位：元

序号	项　目	概（预）算价值					实际价值					实际较概算增减	
		建筑工程	安装工程	设备价值	其他费用	合计	建筑工程	安装工程	设备价值	其他费用	合计	增减额	增减率
Ⅰ	枢纽工程					1,472,497,667.74					1,363,372,078.92	−109,125,588.82	−7.41%
第一部分	建筑工程	927,706,149.94				927,706,149.94	947571078.04				947,571,078.04	19,864,928.10	2.14%
一	主体建筑工程	857,595,957.94				857,595,957.94	860,698,496.14				860,698,496.14	3,102,538.20	0.36%
(一)	土石坝工程	351,290,626.94				351,290,626.94	480,028,509.62				480,028,509.62	128,737,882.68	36.65%
1	土石方工程	217,875,821.94				217,875,821.94	369,312,273.87				369,312,273.87	151,436,451.93	69.51%
2	砌石工程	2,185,420.00				2,185,420.00					0.00	−2,185,420.00	−100.00%
3	混凝土工程	55,246,911.00				55,246,911.00	54,446,390.79				54,446,390.79	−800,520.21	−1.45%
4	基础处理工程	64,151,727.00				64,151,727.00	52,469,251.97				52,469,251.97	−11,682,475.03	−18.21%
5	坝顶路面工程	4,706,147.00				4,706,147.00	4,459,977.00				4,459,977.00	−246,170.00	−5.23%
6	细部结构	7,124,600.00				7,124,600.00	272,680.83				272,680.83	−6,851,919.17	−96.17%
(二)	重力坝段工程	345,418,290.00				345,418,290.00	338694755.72				338,694,755.72	−6,723,534.28	−1.95%
1	土坝、混凝土坝连接段工程	44,797,311.00				44,797,311.00	53,855,761.08				53,855,761.08	9,058,450.08	20.22%
2	溢流坝表孔坝段工程	142,841,500.00				142,841,500.00	184,929,738.44				184,929,738.44	42,088,238.44	29.46%
3	底孔坝段	71,948,814.00				71,948,814.00	70,951,048.66				70,951,048.66	−997,765.34	−1.39%
4	电站坝段工程	40,810,924.00				40,810,924.00	26,052,087.89				26,052,087.89	−14,758,836.11	−36.16%
5	右岸非溢流坝段工程	45,019,742.00				45,019,742.00	41,577,030.28				41,577,030.28	−3,442,711.72	−7.65%
(三)	副坝工程	4,941,535.00				4,941,535.00	8,554,331.59				8,554,331.59	3,612,796.59	73.11%
1	北副坝	2,328,762.00				2,328,762.00	3,436,191.11				3,436,191.11	1,107,429.11	47.55%
2	南副坝	2,612,773.00				2,612,773.00	4,711,186.68				4,711,186.68	2,098,413.68	80.31%

续表

序号	项目	概（预）算价值					实际价值					实际较概算增减	
		建筑工程	安装工程	设备价值	其他费用	合计	建筑工程	安装工程	设备价值	其他费用	合计	增减额	增减率
（四）	南灌溉洞工程	720,347.00				720,347.00	766,907.15				766,907.15	46,560.15	6.46%
（五）	北岸灌溉洞	14,182,782.00				14,182,782.00	14,723,659.71				14,723,659.71	540,877.71	3.81%
（六）	水电站工程	11,969,652.00				11,969,652.00	17,930,332.35				17,930,332.35	5,960,680.35	49.80%
（七）	主材调差	129,072,725.00				129,072,725.00					0.00	−129,072,725.00	−100.00%
二	交通工程	10,884,858.00				10,884,858.00	23,851,789.69				23,851,789.69	12,966,931.69	119.13%
（一）	坝顶公路桥	4,254,415.00				4,254,415.00	3,274,079.31				3,274,079.31	−980,335.69	−23.04%
（二）	右岸道路	3,154,543.00				3,154,543.00	16,541,498.07				16,541,498.07	13,386,955.07	424.37%
（三）	电站及变电站进场道路	1,171,981.00				1,171,981.00	1,365,303.07				1,365,303.07	193,322.07	16.50%
（四）	三官河桥（13m×7.1m）	451,822.00				451,822.00					0.00	−451,822.00	−100.00%
（五）	管理局对外交通道路	1,852,096.00				1,852,096.00	2,670,909.24				2,670,909.24	818,813.24	44.21%
三	供电线路工程	1,050,000.00				1,050,000.00	480,000.00				480,000.00	−570,000.00	−54.29%
四	房屋建筑工程	28,353,619.00				28,353,619.00	27,706,267.28				27,706,267.28	−647,351.72	−2.28%
（一）	前方生产区房屋	6,497,500.00				6,497,500.00	9,556,261.18				9,556,261.18	3,058,761.18	47.08%
（二）	仓库、油库、观测等生产用房	1,094,000.00				1,094,000.00	1,786,149.20				1,786,149.20	692,149.20	63.27%
（三）	Z基地管理区房屋	10,203,000.00				10,203,000.00	8,400,000.00				8,400,000.00	−1,803,000.00	−17.67%
（四）	生活文化福利建筑工程	6,860,821.00				6,860,821.00	4,191,525.63				4,191,525.63	−2,669,295.37	−38.91%
（五）	室外工程	3,698,298.00				3,698,298.00	3,772,331.27				3,772,331.27	74,033.27	2.00%

续表

序号	项目	概（预）算价值					实际价值					实际较概算增减	
		建筑工程	安装工程	设备价值	其他费用	合计	建筑工程	安装工程	设备价值	其他费用	合计	增减额	增减率
五	其他建筑工程	29,821,715.00				29,821,715.00	34,834,524.93				34,834,524.93	5,012,809.93	16.81%
(一)	水文站网	918,000.00				918,000.00	918,000.00				918,000.00	—	0.00%
(二)	水情自动测报系统	79,000.00				79,000.00	79,000.00				79,000.00	—	0.00%
(三)	内部观测工程	6,104,650.00				6,104,650.00	7,700,488.37				7,700,488.37	1,595,838.37	26.14%
1	主坝	3,687,100.00				3,687,100.00					0.00	−3,687,100.00	−100.00%
2	混凝土坝段	1,135,350.00				1,135,350.00					0.00	−1,135,350.00	−100.00%
3	副坝	2,400.00				2,400.00					0.00	−2,400.00	−100.00%
4	北灌溉洞	779,800.00				779,800.00					0.00	−779,800.00	−100.00%
5	地震反应监测	500,000.00				500,000.00					0.00	−500,000.00	−100.00%
(四)	照明电缆 YJV-0.6 /1-1*35	1,280,000.00				1,280,000.00					0.00	−1,280,000.00	−100.00%
(五)	其他	21,440,065.00				21,440,065.00	26,137,036.56				26,137,036.56	4,696,971.56	21.91%
第二部分	机电设备及安装		15,942,379.05	36,266,438.41		52,210,000.00		2,802,614.00	44,321,568.69		47,124,182.69	−5,085,817.31	−9.74%
一	发电设备及安装工程		7,776,568.75	10,887,838.41		18,664,407.16		2,009,682.12	8,873,830.02		10,883,512.14	−7,780,895.02	−41.69%
(一)	水轮机设备及安装工程		298,400.00	1,912,900.00		2,211,300.00		230,586.08	1,383,436.47		1,614,022.55	−597,277.45	−27.01%
(二)	发电机设备及安装工程		374,924.72	2,138,631.95		2,513,556.67		362,873.60	1,763,097.43		2,125,971.03	−387,585.64	−15.42%
(三)	主阀设备及安装工程		124,554.03	359,522.80		484,076.83					0.00	−484,076.83	−100.00%

续表

序号	项目	概（预）算价值					实际价值					实际较概算增减	
		建筑工程	安装工程	设备价值	其他费用	合计	建筑工程	安装工程	设备价值	其他费用	合计	增减额	增减率
(四)	起重设备及安装工程		199,200.00	422,968.00		622,168.00			243,644.70		243,644.70	−378,523.30	−60.84%
(五)	水利机械辅助设备及安装		2,853,500.00	1,333,618.10		4,187,118.10			946,931.82		946,931.82	−3,240,186.29	−77.38%
1	油系统		42.02	36.06		780,800.00					0.00	−780,800.00	−100.00%
2	压气系统		41.21	19.99		611,909.28					0.00	−611,909.28	−100.00%
3	供水系统		179.30	46.23		2,255,290.28					0.00	−2,255,290.28	−100.00%
4	水力量测系统		22.83	31.09		539,184.93					0.00	−539,184.93	−100.00%
(六)	电气设备及安装工程		3,925,990.00	4,720,197.56		8,646,187.56		1,416,222.44	4,536,719.60		5,952,942.04	−2,693,245.52	−31.15%
1	厂用电设备		65.92	413.09		4,790,057.04					0.00	−4,790,057.04	−100.00%
2	控制保护系统		3.89	37.64		415,355.52					0.00	−415,355.52	−100.00%
3	直流系统		3.83	21.29		251,171.00					0.00	−251,171.00	−100.00%
4	电缆及其附件		318.96			3,189,600.00					0.00	−3,189,600.00	−100.00%
二	升压变电设备及安装工程		122,810.30	1,328,600.00		1,451,410.30		261,782.62	370,840.00		632,622.62	−818,787.68	−56.41%
1			7.96	58.16		661,181.00					0.00	−661,181.00	−100.00%
2			4.32	74.70		790,191.68					0.00	−790,191.68	−100.00%
三	公用设备及安装工程		8,043,000.00	24,050,000.00		32,093,000.00		531,149.26	35,076,898.67		35,608,047.93	3,515,047.93	10.95%
(一)	通信设备及安装工程		360,500.00	53,928.42		414,428.42			96,804.00		96,804.00	−317,624.42	−76.64%
(二)	通风系统		101,864.00	31,722.60		133,586.60			4,481,078.54		4,481,078.54	4,347,491.94	3254.44%
(三)	机修设备及安装工程		14,099.92	192,133.21		206,233.13					0.00	−206,233.13	−100.00%

续表

序号	项 目	概（预）算价值					实际价值					实际较概算增减	
		建筑工程	安装工程	设备价值	其他费用	合计	建筑工程	安装工程	设备价值	其他费用	合计	增减额	增减率
（四）	计算机监控系统		761,167.40	3,501,600.84		4,262,768.24			4,306,902.81		4,306,902.81	44,134.57	1.04%
1	水电站计算机监控系统		15.77	103.36		1,191,357.30					0.00	−1,191,357.30	−100.00%
2	表孔底孔计算机监控系统		9.94	79.25		891,921.94					0.00	−891,921.94	−100.00%
3	南灌溉洞计算机监控系统		3.40	11.42		148,200.96					0.00	−148,200.96	−100.00%
4	北灌溉洞计算机监控系统		10.12	26.01		361,285.52					0.00	−361,285.52	−100.00%
5	大坝计算机监控系统		36.89	130.11		1,670,002.52					0.00	−1,670,002.52	−100.00%
（五）	视频监视系统		892,766.05	1,101,302.93		1,994,068.98			3,988,144.80		3,988,144.80	1,994,075.82	100.00%
1	水电站视频监视系统		11.10	40.55		516,502.02					0.00	−516,502.02	−100.00%
2	表孔底孔视频监视系统		8.21	38.07		462,803.20					0.00	−462,803.20	−100.00%
3	南灌溉洞视频监视系统		8.25	2.33		105,794.64					0.00	−105,794.64	−100.00%
4	北灌溉洞视频监视系统		8.73	7.30		160,292.28					0.00	−160,292.28	−100.00%
5	大坝视频监视系统		52.98	21.89		748,676.84					0.00	−748,676.84	−100.00%
（六）	管理自动化系统		484,145.99	12,710,117.92		13,194,263.91			13,132,238.60		13,132,238.60	−62,025.31	−0.47%

续表

序号	项目	概（预）算价值					实际价值					实际较概算增减	
		建筑工程	安装工程	设备价值	其他费用	合计	建筑工程	安装工程	设备价值	其他费用	合计	增减额	增减率
1	管理局综合自动化系统		48.41	659.01		7,074,263.91					0.00	−7,074,263.91	−100.00%
2	水库综合信息化管理系统建设			612.00		6,120,000.00					0.00	−6,120,000.00	−100.00%
（七）	防雷接地系统		645,400.00			645,400.00		379,433.28			379,433.28	−265,966.72	−41.21%
（八）	坝区馈电设备及安装工程		1,297,632.50	2,765,649.90		4,063,282.40		129,663.90	3,618,845.00		3,748,508.90	−314,773.50	−7.75%
1	表孔底孔工程		43.12	110.02		1,531,458.40					0.00	−1,531,458.40	−100.00%
2	南灌溉洞		10.31	7.40		177,114.40					0.00	−177,114.40	−100.00%
3	管理局工程		60.50	112.09		1,725,875.20					0.00	−1,725,875.20	−100.00%
4	北灌溉洞		15.83	47.06		628,834.40					0.00	−628,834.40	−100.00%
（九）	大坝照明		99,000.00	697,897.20		796,897.20		22,052.08	309,242.08		331,294.16	−465,603.04	−58.43%
（十）	水文测报设备及安装工程		1,503,400.00			1,503,400.00			1,825,048.11		1,825,048.11	321,648.11	21.39%
（十一）	水情自动测报系统设备及安装工程		1,878,873.53			1,878,873.53			1,878,873.53		1,878,873.53	—	0.00%
（十二）	外部观测设备及安装工程			500,000.00		500,000.00					0.00	−500,000.00	−100.00%
（十三）	消防设备		4,110.00	95,600.00		99,710.00			48,821.20		48,821.20	−50,888.80	−51.04%
（十四）	交通设备			2,400,000.00		2,400,000.00			1,390,900.00		1,390,900.00	−1,009,100.00	−42.05%
第三部分	金属结构及安装		7,906,000.00	36,724,936.79		44,630,000.00		7,547,619.14	35,638,152.21		43,185,771.35	−1,444,228.65	−3.24%

续表

序号	项　目	概（预）算价值					实际价值					实际较概算增减	
		建筑工程	安装工程	设备价值	其他费用	合计	建筑工程	安装工程	设备价值	其他费用	合计	增减额	增减率
一	溢流坝金属结构		4,067,700.00	27,036,643.27		31,104,343.27		3,687,716.35	24,622,433.84		28,310,150.19	−2,794,193.08	−8.98%
(一)	溢流坝工作门		3,134,300.00	23,151,153.48		26,285,453.48		1,359,178.78	20,580,667.90		21,939,846.68	−4,345,606.80	−16.53%
(二)	表孔检修门		933,400.00	3,885,489.79		4,818,889.79		2,328,537.57	4,041,765.94		6,370,303.51	1,551,413.72	32.19%
二	泄洪底孔金属结构		1,010,800.00	5,309,517.30		6,320,317.30		962,872.80	5,659,649.15		6,622,521.95	302,204.65	4.78%
(一)	泄洪底孔工作门		766,000.00	4,304,651.08		5,070,651.08		828,694.84	4,736,664.80		5,565,359.64	494,708.56	9.76%
(二)	泄洪底孔检修门		244,800.00	1,004,866.23		1,249,666.23		134,177.96	922,984.35		1,057,162.31	−192,503.92	−15.40%
三	北灌溉洞金属结构		267,300.00	896,269.19		1,163,569.19		56,869.98	1,101,254.22		1,158,124.20	−5,444.99	−0.47%
(一)	进口工作门		122,200.00	534,631.55		656,831.55		25,998.92	656,906.72		682,905.64	26,074.09	3.97%
(二)	灌溉洞检修门		145,100.00	361,637.64		506,737.64		30,871.06	444,347.50		475,218.56	−31,519.08	1.00%
四	水电站金属结构		802,100.00	2,518,880.18		3,320,980.18		947,820.71	2,510,365.80		3,458,186.51	137,206.33	4.13%
(一)	拦污栅		73,000.00	507,561.60		580,561.60		100,939.51	320,329.00		421,268.51	−159,293.09	−27.44%
(二)	电站进口快速闸门		444,200.00	1,439,888.81		1,884,088.81		648,145.13	1,632,027.60		2,280,172.73	396,083.92	21.02%
(三)	电站进口检修闸门		178,700.00	241,937.70		420,637.70		101,903.63	271,856.40		373,760.03	−46,877.67	−11.14%
(四)	尾水检修闸门		106,200.00	329,492.07		435,692.07		96,832.44	286,152.80		382,985.24	−52,706.83	−12.10%
五	南灌溉涵金属结构		162,300.00	963,626.85		1,125,926.85		206,428.67	657,726.70		864,155.37	−261,771.48	−23.25%
(一)	进口检修闸门		59,800.00	355,081.64		414,881.64		127,550.35	53,751.60		181,301.95	−233,579.69	−56.30%
(二)	出口工作闸门		102,500.00	608,545.21		711,045.21		78,878.32	603,975.10		682,853.42	−28,191.79	−3.96%
六	压力钢管制作与安装工程		1,595,800.00			1,595,800.00		1,685,910.63			1,685,910.63	90,110.63	5.65%

续表

序号	项　目	概（预）算价值					实际价值					实际较概算增减	
		建筑工程	安装工程	设备价值	其他费用	合计	建筑工程	安装工程	设备价值	其他费用	合计	增减额	增减率
七	*钢管制作								1,086,722.50		1,086,722.50		
第四部分	施工临时工程	158,313,569.80				158,313,569.80	138,272,780.44				138,272,780.44	−20,040,789.36	−12.66%
一	导流工程	68,957,748.00				68,957,748.00	58,320,116.43				58,320,116.43	−10,637,631.57	−15.43%
(一)	导流明渠	39,377,682.00				39,377,682.00	33,443,613.43				33,443,613.43	−5,934,068.57	−15.07%
(二)	施工围堰	29,580,066.00				29,580,066.00	24,876,503.00				24,876,503.00	−4,703,563.00	−15.90%
二	交通工程	30,932,801.00				30,932,801.00	35,482,587.29				35,482,587.29	4,549,786.29	14.71%
(一)	上游土料场道路	500,000.00				500,000.00	492,755.22				492,755.22	−7,244.78	−1.45%
(二)	上游砂砾料场道路	1,200,000.00				1,200,000.00	1,338,796.45				1,338,796.45	138,796.45	11.57%
(三)	坝前、后道路	3,000,000.00				3,000,000.00	9,244,381.73				9,244,381.73	6,244,381.73	208.15%
(四)	右岸施工上坝道路	600,000.00				600,000.00	669,398.23				669,398.23	69,398.23	11.57%
(五)	石料场道路	6,000,000.00				6,000,000.00	6,693,982.26				6,693,982.26	693,982.26	11.57%
(六)	副坝道路	255,000.00				255,000.00	284,494.25				284,494.25	29,494.25	11.57%
(七)	弃渣道路	261,000.00				261,000.00	291,188.23				291,188.23	30,188.23	11.57%
(八)	北岸灌溉洞道路	300,000.00				300,000.00	334,699.11				334,699.11	34,699.11	11.57%
(九)	导流明渠道路	500,000.00				500,000.00	557,831.85				557,831.85	57,831.85	11.57%
(十)	右岸进场道路	64,800.00				64,800.00	72,295.01				72,295.01	7,495.01	11.57%
(十一)	左岸进场道路	1,770,000.00				1,770,000.00	1,974,724.77				1,974,724.77	204,724.77	11.57%
(十二)	跨淮河桥	14,404,487.00				14,404,487.00	11,744,552.13				11,744,552.13	−2,659,934.87	−18.47%
(十三)	导流明渠桥梁	2,077,514.00				2,077,514.00	1,783,488.06				1,783,488.06	−294,025.94	−14.15%
三	施工供电工程	9,025,000.00				9,025,000.00	12,882,738.01				12,882,738.01	3,857,738.01	42.75%
四	房屋建筑工程	11,866,024.80				11,866,024.80	4,623,908.00				4,623,908.00	−7,242,116.80	−61.03%

续表

序号	项目	概（预）算价值					实际价值					实际较概算增减	
		建筑工程	安装工程	设备价值	其他费用	合计	建筑工程	安装工程	设备价值	其他费用	合计	增减额	增减率
五	其他临时工程（含工程建设综合管理系统）	37,531,996.00				37,531,996.00	26,963,430.71				26,963,430.71	−10,568,565.29	−28.16%
第五部分	独立费用				206,287,948.00	206,287,948.00				197,134,227.87	197,134,227.87	−9,153,720.13	−4.44%
一	建设管理费				66,765,609.00	66,765,609.00				68,986,370.87	68,986,370.87	2,220,761.87	3.33%
(一)	项目建设管理费				42,746,868.00	42,746,868.00				41,752,423.62	41,752,423.62	−994,444.38	−2.33%
(二)	工程建设监理费				23,838,740.00	23,838,740.00				27,233,947.25	27,233,947.25	3,395,207.25	14.24%
(三)	联合试运转费				180,000.00	180,000.00					—	−180,000.00	−100.00%
二	生产准备费				6,121,707.00	6,121,707.00				2,236,870.00	2,236,870.00	−3,884,837.00	−63.46%
1	生产及管理单位提前进厂费				1,664,812.00	1,664,812.00				1,664,812.00	1,664,812.00	—	0.00%
2	生产职工培训费				3,884,562.00	3,884,562.00				0.00	—	−3,884,562.00	−100.00%
3	管理用具购置费				221,975.00	221,975.00				221,975.00	221,975.00	—	0.00%
4	备品备件购置费				291,965.00	291,965.00				291,965.00	291,965.00	—	0.00%
5	工器具及生产家具购置费				58,393.00	58,393.00				58,118.00	58,118.00	−275.00	−0.47%
三	科研勘测设计费				128,077,735.00	128,077,735.00				121,065,987.00	121,065,987.00	−7,011,748.00	−5.47%
1	科学研究试验费				5,549,374.00	5,549,374.00				13,504,940.00	13,504,940.00	7,955,566.00	143.36%
2	前期勘察设计费				42,391,930.00	42,391,930.00				36,793,930.00	36,793,930.00	−5,598,000.00	−13.21%
	前期勘察费				28,812,764.00	28,812,764.00				24,514,764.00	24,514,764.00	−4,298,000.00	−14.92%

续表

序号	项目	概（预）算价值					实际价值					实际较概算增减	
		建筑工程	安装工程	设备价值	其他费用	合计	建筑工程	安装工程	设备价值	其他费用	合计	增减额	增减率
	前期设计费				13,579,166.00	13,579,166.00				12,279,166.00	12,279,166.00	−1,300,000.00	−9.57%
3	工程勘察设计费				80,136,431.00	80,136,431.00				70,767,117.00	70,767,117.00	−9,369,314.00	−11.69%
	勘察费				38,093,470.00	38,093,470.00				32,475,874.00	32,475,874.00	−5,617,596.00	−14.75%
	设计费				42,042,961.00	42,042,961.00				40,729,343.00	40,729,343.00	−1,313,618.00	−3.12%
四	其他				5,322,897.00	5,322,897.00				4,845,000.00	4,845,000.00	−477,897.00	−8.98%
1	工程保险费				5,322,897.00	5,322,897.00				4,845,000.00	4,845,000.00	−477,897.00	−8.98%
第六部分	基本预备费				83,350,000.00	83,350,000.00				83,350,000.00	83,350,000.00	—	0.00%
一	F30、F34断层处理									29,398,178.00	29,398,178.00		
二	水土保持工程变更									53,951,822.00	53,951,822.00		
Ⅱ	建设征地移民补偿				8,294,839,500.00	8,294,839,500.00				8,294,839,500.00	8,294,839,500.00	—	0.00%
第一部分	农村部分补偿费				4,573,638,800.00	4,573,638,800.00				4,629,778,612.24	4,629,778,612.24	56,139,812.24	1.23%
一	土地补偿及安置补助费				2,855,821,500.00	2,855,821,500.00					—	−2,855,821,500.00	−100.00%
二	农村房屋及附属物补偿费				885,607,100.00	885,607,100.00					—	−885,607,100.00	−100.00%
三	新村征地及基础设施配套补偿费				622,897,600.00	622,897,600.00					—	−622,897,600.00	−100.00%

续表

序号	项目	概（预）算价值					实际价值					实际较概算增减	
		建筑工程	安装工程	设备价值	其他费用	合计	建筑工程	安装工程	设备价值	其他费用	合计	增减额	增减率
四	农副业加工设施补偿费				41,142,600.00	41,142,600.00					—	−41,142,600.00	−100.00%
五	小型水利水电设施				11,607,600.00	11,607,600.00					—	−11,607,600.00	−100.00%
六	坟墓及零星树木补偿费				92,429,900.00	92,429,900.00					—	−92,429,900.00	−100.00%
七	搬迁运输费				12,213,000.00	12,213,000.00					—	−12,213,000.00	−100.00%
八	文教卫生费				17,931,000.00	17,931,000.00					—	−17,931,000.00	−100.00%
九	过渡期生活补助费				17,931,000.00	17,931,000.00					—	−17,931,000.00	−100.00%
十	困难户补助				16,057,500.00	16,057,500.00					—	−16,057,500.00	−100.00%
第二部分	城（集）镇部分补偿费				297,592,500.00	297,592,500.00				429,727,700.00	429,727,700.00	132,135,200.00	44.40%
一	房屋及附属补偿费				118,255,900.00	118,255,900.00					—	−118,255,900.00	−100.00%
二	新址征地及基础设施建设费				145,286,700.00	145,286,700.00					—	−145,286,700.00	−100.00%
三	搬迁补助费				885,000.00	885,000.00					—	−885,000.00	−100.00%
四	小型工商户补偿费				1,041,000.00	1,041,000.00					—	−1,041,000.00	−100.00%
五	行政事业单位补偿费				32,123,900.00	32,123,900.00					—	−32,123,900.00	−100.00%
第三部分	专业项目补偿费				134,219,400.00	134,219,400.00				128,714,400.00	128,714,400.00	−5,505,000.00	−4.10%
一	公路复建及码头新建费				78,799,700.00	78,799,700.00					—	−78,799,700.00	−100.00%
二	电力设施复建费				13,620,000.00	13,620,000.00					—	−13,620,000.00	−100.00%

续表

序号	项目	概（预）算价值					实际价值					实际较概算增减	
		建筑工程	安装工程	设备价值	其他费用	合计	建筑工程	安装工程	设备价值	其他费用	合计	增减额	增减率
三	通信设施复建费				33,650,300.00	33,650,300.00					—	−33,650,300.00	−100.00%
四	广播电视线路复建费				350,900.00	350,900.00					—	−350,900.00	−100.00%
五	文物古迹挖掘保护费				7,708,500.00	7,708,500.00					—	−7,708,500.00	−100.00%
六	水文设施及测量标志复建费				90,000.00	90,000.00					—	−90,000.00	−100.00%
第四部分	防护工程费				592,489,000.00	592,489,000.00				588,526,000.00	588,526,000.00	−3,963,000.00	−0.67%
一	主体工程				490,239,700.00	490,239,700.00					—	−490,239,700.00	−100.00%
二	圩堤占地补偿				102,249,300.00	102,249,300.00					—	−102,249,300.00	−100.00%
第五部分	库底清理费				16,795,700.00	16,795,700.00				16,221,800.00	16,221,800.00	−573,900.00	−3.42%
第六部分	其他费用				646,102,600.00	646,102,600.00				470,208,177.85	470,208,177.85	−175,894,422.15	−27.22%
一	前期工作费				140,368,400.00	140,368,400.00				141,948,553.40	141,948,553.40	1,580,153.40	1.13%
二	勘测规划设计费				202,788,100.00	202,788,100.00				160,399,614.55	160,399,614.55	−42,388,485.45	−20.90%
三	实施管理费				202,788,100.00	202,788,100.00				128,065,272.90	128,065,272.90	−74,722,827.10	−36.85%
四	机构开办费				5,000,000.00	5,000,000.00					—	−5,000,000.00	−100.00%
五	技术培训费				22,868,200.00	22,868,200.00				144,737.00	144,737.00	−22,723,463.00	−99.37%
六	监督评估费				62,289,800.00	62,289,800.00				29,650,000.00	29,650,000.00	−32,639,800.00	−52.40%
七	建设单位实施管理费				10,000,000.00	10,000,000.00				10,000,000.00	10,000,000.00	—	0.00%
第七部分	基本预备费				500,867,000.00	500,867,000.00				498,528,309.91	498,528,309.91	−2,338,690.09	−0.47%
第八部分	有关税费				1,523,134,500.00	1,523,134,500.00				1,523,134,500.00	1,523,134,500.00	—	0.00%
一	耕地占用税				991,611,900.00	991,611,900.00				991,611,900.00	991,611,900.00	—	0.00%
二	耕地开垦费				505,472,000.00	505,472,000.00				505,472,000.00	505,472,000.00	—	0.00%
三	森林植被恢复费				26,050,600.00	26,050,600.00				26,050,600.00	26,050,600.00	—	0.00%

续表

序号	项 目	概（预）算价值					实际价值					实际较概算增减	
		建筑工程	安装工程	设备价值	其他费用	合计	建筑工程	安装工程	设备价值	其他费用	合计	增减额	增减率
第九部分	其他				10,000,000.00	10,000,000.00				10,000,000.00	10,000,000.00	—	0.00%
一	*基地				10,000,000.00	10,000,000.00				10,000,000.00	10,000,000.00	—	0.00%
Ⅲ	环境保护工程	13,859,300.00		2,439,000.00	15,392,700.00	31,691,000.00	37,182,567.43			19,031,523.00	56,214,090.43	24,523,090.43	77.38%
第一部分	环境保护措施	13,110,700.00				13,110,700.00	36,433,967.43				36,433,967.43	23,323,267.43	177.89%
一	水质保护	2,678,900.00				2,678,900.00					—	−2,678,900.00	−100.00%
二	水温恢复					0.00					—	—	#DIV/0!
三	土壤环境保护					0.00					—	—	#DIV/0!
四	生态保护	20,833,600.00				20,833,600.00						−20,833,600.00	−100.00%
五	移民安置环境保护	63,090,600.00				63,090,600.00					—	−63,090,600.00	−100.00%
第二部分	环境监测措施				2,539,500.00	2,539,500.00				2,539,500.00	2,539,500.00	—	0.00%
一	监测				2,539,500.00	2,539,500.00					—	−2,539,500.00	−100.00%
二	监测设施					0.00					—	—	—
第三部分	环境保护仪器设备及安装			2,439,000.00		2,439,000.00					—	−2,439,000.00	−100.00%
一	环境保护设备			2,439,000.00		2,439,000.00					—	−2,439,000.00	−100.00%
二	环境监测仪器设备					0.00					—	—	—
三	其他					0.00					—	—	—
第四部分	环保临时措施	748,600.00			1,460,500.00	2,209,100.00	748,600.00			1,460,500.00	2,209,100.00	—	0.00%
一	废污水处理	648,600.00				648,600.00					—	−648,600.00	−100.00%
二	噪声防治				540,000.00	540,000.00					—	−540,000.00	−100.00%
三	固体废弃物				226,400.00	226,400.00					—	−226,400.00	−100.00%
四	环境空气质量控制				47,500.00	47,500.00					—	−47,500.00	−100.00%

续表

序号	项 目	概（预）算价值					实际价值					实际较概算增减	
		建筑工程	安装工程	设备价值	其他费用	合计	建筑工程	安装工程	设备价值	其他费用	合计	增减额	增减率
五	人群健康保护	100,000.00			646,600.00	746,600.00					—	−746,600.00	−100.00%
六	其他					0.00					—	—	#DIV/0!
第五部分	环保独立费用				9,598,900.00	9,598,900.00				13,237,723.00	13,237,723.00	3,638,823.00	37.91%
一	建设管理费				2,067,900.00	2,067,900.00					—	−2,067,900.00	−100.00%
二	监理费				907,800.00	907,800.00					—	−907,800.00	−100.00%
三	科研勘测设计咨询费				6,623,200.00	6,623,200.00					—	−6,623,200.00	−100.00%
四	工程质量监督费					0.00					—	—	—
	基本预备费				1,793,800.00	1,793,800.00				1,793,800.00	1,793,800.00	—	0.00%
Ⅳ	水土保持工程	3,521,805.00			17,630,273.00	21,152,078.00	2,273,726.20			17,630,273.00	19,903,999.20	−1,248,078.80	−5.90%
第一部分	工程措施	2,271,005.00				2,271,005.00	1,022,926.20				1,022,926.20	−1,248,078.80	−54.96%
第二部分	植物措施				7,692,849.00	7,692,849.00				7,692,849.00	7,692,849.00	—	0.00%
第三部分	施工临时工程	1,250,800.00				1,250,800.00	1,250,800.00				1,250,800.00	—	0.00%
	独立费用				5,349,426.00	5,349,426.00				5,349,426.00	5,349,426.00	—	0.00%
	基本预备费				496,922.00	496,922.00				496,922.00	496,922.00	—	0.00%
	水土保持补偿费				4,091,076.00	4,091,076.00				4,091,076.00	4,091,076.00	—	0.00%
	建设期贷款利息					49,420,000.00				48,129,000.00	48,129,000.00	−1,291,000.00	−2.61%
	银行利息收入										−9,915,961.47		
	投资合计	1,103,400,824.74	23,848,379.05	75,430,375.21	8,617,500,421.00	9,869,600,000.00	1,125,300,152.11	10,350,233.14	79,959,720.90	8,650,198,562.40	9,865,808,668.55	−3,791,331.45	
	减：待核销基建支出										9,865,808,668.55		
	减：转出投资										23,194,940.07		
	建设成本										9,842,613,728.48		

水利基本建设竣工项目未完工程投资及预留费用表

工竣财 4 表

项目	工程量				价值						
	计量单位	设计	已完	未完	概算	已完	未完				
							建筑	安装	设备	其他	合计
未完工程											22,190,900.00
A 水库工程							15,904,200.00				15,904,200.00
B 水库工程							6,286,700.00				6,286,700.00
预留费用											2,325,400.00
建设单位管理费											600,000.00
审计费											650,000.00
后评价费用											725,400.00
竣工验收会议及资料费											350,000.00
合　计											24,516,300.00

水利基本建设项目成本表

工竣财 5 表　　单位：元

序号	项目	直接建设成本						待摊投资			建设成本
		建筑安装工程投资			设备投资	其他投资	小计	直接计入	间接计入	小计	
		建筑工程投资	安装工程投资	小计							
一	固定资产	1,095,895,428.08	10,350,233.14	1,106,245,661.22	75,807,787.99	877,582.18	1,182,931,031.39	4,283,223.16	8,655,274,293.93	8,659,557,517.09	9,842,488,548.48
(一)	房屋及建筑物	985,759,269.61		985,759,269.61	5,512.50	0.00	985,764,782.11	4,283,223.16	7,340,244,205.82	7,344,527,428.98	8,330,292,211.09
1	主体建筑工程	890,096,674.14		890,096,674.14			890,096,674.14	4,283,223.16	6,820,397,872.20	6,824,681,095.36	7,714,777,769.50
(1)	土石坝工程	480,028,509.62		480,028,509.62			480,028,509.62		3,660,620,543.34	3,660,620,543.34	4,140,649,052.96
(2)	重力坝段工程	368,092,933.72		368,092,933.72			368,092,933.72	4,283,223.16	2,839,680,940.63	2,843,964,163.79	3,212,057,097.51
(3)	副坝工程	8,554,331.59		8,554,331.59			8,554,331.59		65,233,962.83	65,233,962.83	73,788,294.42
(4)	南灌溉洞工程	766,907.15		766,907.15			766,907.15		5,848,311.11	5,848,311.11	6,615,218.26
(5)	北岸灌溉洞	14,723,659.71		14,723,659.71			14,723,659.71		112,280,271.12	112,280,271.12	127,003,930.83
(6)	水电站工程	17,930,332.35		17,930,332.35			17,930,332.35		136,733,843.17	136,733,843.17	154,664,175.52
2	交通工程	44,840,723.55		44,840,723.55			44,840,723.55		181,889,928.59	181,889,928.59	226,730,652.14
(1)	坝顶公路桥	3,274,079.31		3,274,079.31			3,274,079.31		24,967,604.51	24,967,604.51	28,241,683.82
(2)	右岸道路	16,541,498.07		16,541,498.07			16,541,498.07		126,142,815.35	126,142,815.35	142,684,313.42
(3)	左岸道路	2,670,909.24		2,670,909.24			2,670,909.24		20,367,926.15	20,367,926.15	23,038,835.39
(4)	电站及变电站进场道路	1,365,303.07		1,365,303.07			1,365,303.07		10,411,582.57	10,411,582.57	11,776,885.64
(5)	跨淮河桥	11,744,552.13		11,744,552.13			11,744,552.13				11,744,552.13
(6)	坝前、后路	9,244,381.73		9,244,381.73			9,244,381.73				9,244,381.73
3	供电线路工程	480,000.00		480,000.00			480,000.00		3,660,403.13	3,660,403.13	4,140,403.13
4	房屋建筑工程	17,252,443.49		17,252,443.49	5,512.50		17,257,955.99		131,564,371.28	131,564,371.28	148,822,327.27
(1)	前方生产区房屋	9,556,261.18		9,556,261.18			9,556,261.18		72,874,517.43	72,874,517.43	82,430,778.61

续表

序号	项目	直接建设成本						待摊投资			建设成本
		建筑安装工程投资			设备投资	其他投资	小计	直接计入	间接计入	小计	
		建筑工程投资	安装工程投资	小计							
(2)	仓库、油库、观测等生产用房	1,786,149.20		1,786,149.20			1,786,149.20		13,620,887.77	13,620,887.77	15,407,036.97
(3)	生活文化福利建筑工程	1,546,171.93		1,546,171.93			1,546,171.93		11,790,859.54	11,790,859.54	13,337,031.47
(4)	室外工程	4,363,861.18		4,363,861.18	5,512.50		4,369,373.68		33,278,106.54	33,278,106.54	37,647,480.22
1	篮球场	2,595,861.69		2,595,861.69			2,595,861.69		19,795,625.55	19,795,625.55	22,391,487.24
2	大门	653,274.06		653,274.06			653,274.06		4,981,763.37	4,981,763.37	5,635,037.43
3	停车场	176,744.47		176,744.47			176,744.47		1,347,825.02	1,347,825.02	1,524,569.49
4	国旗台	169,299.83		169,299.83			169,299.83		1,291,053.39	1,291,053.39	1,460,353.22
5	营地迎宾大道照明工程	463,000.00		463,000.00			463,000.00		3,530,763.86	3,530,763.86	3,993,763.86
6	建管局营地景观石	5,320.00		5,320.00			5,320.00		40,569.47	40,569.47	45,889.47
7	庭院灯工程	27,919.00		27,919.00			27,919.00		212,905.82	212,905.82	240,824.82
8	供水设施	272,442.13		272,442.13			272,442.13		2,077,600.05	2,077,600.05	2,350,042.18
9	车辆识别系统			0.00	5,512.50		5,512.50				5,512.50
5	其他建筑工程	26,584,826.63		26,584,826.63			26,584,826.63		202,731,630.63	202,731,630.63	229,316,457.26
(1)	内部观测工程	7,700,488.37		7,700,488.37			7,700,488.37		58,722,691.17	58,722,691.17	66,423,179.54
(3)	防汛码头	10,483,674.08		10,483,674.08			10,483,674.08		79,946,819.69	79,946,819.69	90,430,493.77
(4)	界桩工程	5,639,664.18		5,639,664.18			5,639,664.18		43,007,175.91	43,007,175.91	48,646,840.09
(5)	坝区大门	2,118,600.00		2,118,600.00			2,118,600.00		16,156,104.33	16,156,104.33	18,274,704.33
(5)	公厕	642,400.00		642,400.00			642,400.00		4,898,839.53	4,898,839.53	5,541,239.53
6	35kV线路	6,504,601.80		6,504,601.80			6,504,601.80				6,504,601.80
(二)	在安装设备	110,136,158.47	10,350,233.14	120,486,391.61	74,148,476.79		194,634,868.40		1,315,030,088.11	1,315,030,088.11	1,509,664,956.51

续表

序号	项目	直接建设成本						待摊投资			建设成本
		建筑安装工程投资			设备投资	其他投资	小计	直接计入	间接计入	小计	
		建筑工程投资	安装工程投资	小计							
1	机电设备		2,802,614.00	2,802,614.00	39,597,047.08		42,399,661.08		323,333,025.58	323,333,025.58	365,732,686.66
(1)	发电设备及安装工程		2,009,682.12	2,009,682.12	8,873,830.02		10,883,512.14		82,995,920.71	82,995,920.71	93,879,432.85
1	水轮机设备及安装工程		230,586.08	230,586.08	1,383,436.47		1,614,022.55		12,308,277.53	12,308,277.53	13,922,300.09
2	发电机设备及安装工程		362,873.60	362,873.60	1,763,097.43		2,125,971.03		16,212,314.61	16,212,314.61	18,338,285.63
3	起重设备及安装工程			0.00	243,644.70		243,644.70		1,857,995.47	1,857,995.47	2,101,640.17
4	水利机械辅助设备及安装			0.00	946,931.82		946,931.82		7,221,150.41	7,221,150.41	8,168,082.22
5	电气设备及安装工程		1,416,222.44	1,416,222.44	4,536,719.60		5,952,942.04		45,396,182.70	45,396,182.70	51,349,124.74
①	厂用电设备		1,025,801.63	1,025,801.63	3,286,047.60		4,311,849.23		32,881,471.72	32,881,471.72	37,193,320.95
②	控制保护系统		298,193.03	298,193.03	955,230.00		1,253,423.03		9,558,403.30	9,558,403.30	10,811,826.33
③	直流系统		53,521.35	53,521.35	171,450.00		224,971.35		1,715,595.45	1,715,595.45	1,940,566.80
④	电缆及其附件		38,706.44	38,706.44	123,992.00		162,698.44		1,240,712.23	1,240,712.23	1,403,410.67
(2)	升压变电设备及安装工程		261,782.62	261,782.62	370,840.00		632,622.62		4,824,278.79	4,824,278.79	5,456,901.41
1	主变压器设备及安装工程		261,782.62	261,782.62	370,840.00		632,622.62		4,824,278.79	4,824,278.79	5,456,901.41
(3)	公用设备及安装工程		531,149.26	531,149.26	30,352,377.06		30,883,526.32		235,512,826.08	235,512,826.08	266,396,352.40
1	通信设备及安装工程			0.00	96,804.00		96,804.00		738,211.80	738,211.80	835,015.80
2	通风系统			0.00	4,481,078.54		4,481,078.54		34,171,987.35	34,171,987.35	38,653,065.89
3	计算机监控系统			0.00	4,306,902.81		4,306,902.81		32,843,751.13	32,843,751.13	37,150,653.94
①	水电站计算机监控系统			0.00	3,865,181.32		3,865,181.32		29,475,253.78	29,475,253.78	33,340,435.10
②	南灌溉洞计算机监控系统			0.00	441,721.49		441,721.49		3,368,497.35	3,368,497.35	3,810,218.84
4	视频监视系统			0.00	3,988,144.80		3,988,144.80		30,412,953.59	30,412,953.59	34,401,098.39

续表

序号	项　目	直接建设成本						待摊投资			建设成本
		建筑安装工程投资			设备投资	其他投资	小计	直接计入	间接计入	小计	
		建筑工程投资	安装工程投资	小计							
①	水电站视频监视系统			0.00	3,988,144.80		3,988,144.80		30,412,953.59	30,412,953.59	34,401,098.39
5	管理自动化系统			0.00	13,551,359.83		13,551,359.83		103,340,499.97	103,340,499.97	116,891,859.80
①	管理局综合自动化系统			0.00	6,650,908.93		6,650,908.93		50,718,766.43	50,718,766.43	57,369,675.36
②	水库综合信息化管理系统建设			0.00	6,900,450.90		6,900,450.90		52,621,733.54	52,621,733.54	59,522,184.44
6	防雷接地系统		379,433.28	379,433.28			379,433.28		2,893,497.43	2,893,497.43	3,272,930.71
7	坝区馈电设备及安装工程		129,663.90	129,663.90	3,618,845.00		3,748,508.90		28,585,528.59	28,585,528.59	32,334,037.49
①	表孔底孔工程		58,291.17	58,291.17	1,626,873.00		1,685,164.17		12,850,792.08	12,850,792.08	14,535,956.24
②	管理局工程		48,098.16	48,098.16	1,342,392.00		1,390,490.16		10,603,655.28	10,603,655.28	11,994,145.44
③	北灌溉洞		23,274.57	23,274.57	649,580.00		672,854.57		5,131,081.23	5,131,081.23	5,803,935.81
8	大坝照明		22,052.08	22,052.08	309,242.08		331,294.16		2,526,396.21	2,526,396.21	2,857,690.37
2	金属结构		7,547,619.14	7,547,619.14	34,551,429.71		42,099,048.85		321,040,604.85	321,040,604.85	363,139,653.70
(1)	溢流坝金属结构		3,687,716.35	3,687,716.35	24,622,433.84		28,310,150.19		215,888,671.81	215,888,671.81	244,198,822.00
1	溢流坝工作门		1,359,178.78	1,359,178.78	20,580,667.90		21,939,846.68		167,309,757.37	167,309,757.37	189,249,604.05
2	表孔检修门		2,328,537.57	2,328,537.57	4,041,765.94		6,370,303.51		48,578,914.44	48,578,914.44	54,949,217.95
(2)	泄洪底孔金属结构		962,872.80	962,872.80	5,659,649.15		6,622,521.95		50,502,291.87	50,502,291.87	57,124,813.82
1	泄洪底孔工作门		828,694.84	828,694.84	4,736,664.80		5,565,359.64		42,440,541.39	42,440,541.39	48,005,901.03
2	泄洪底孔检修门		134,177.96	134,177.96	922,984.35		1,057,162.31		8,061,750.48	8,061,750.48	9,118,912.79
(3)	北灌溉洞金属结构		56,869.98	56,869.98	1,101,254.22		1,158,124.20		8,831,669.69	8,831,669.69	9,989,793.89
(4)	水电站金属结构		947,820.71	947,820.71	2,510,365.80		3,458,186.51		26,371,576.54	26,371,576.54	29,829,763.05
1	拦污栅		100,939.51	100,939.51	320,329.00		421,268.51		3,212,526.20	3,212,526.20	3,633,794.71
2	电站进口快速闸门		648,145.13	648,145.13	1,632,027.60		2,280,172.73		17,388,232.10	17,388,232.10	19,668,404.83

续表

序号	项目	直接建设成本						待摊投资			建设成本
		建筑安装工程投资			设备投资	其他投资	小计				
		建筑工程投资	安装工程投资	小计				直接计入	间接计入	小计	
3	电站进口检修闸门		101,903.63	101,903.63	271,856.40		373,760.03		2,850,234.14	2,850,234.14	3,223,994.17
4	尾水检修闸门		96,832.44	96,832.44	286,152.80		382,985.24		2,920,584.11	2,920,584.11	3,303,569.35
(5)	南灌溉涵金属结构		206,428.67	206,428.67	657,726.70		864,155.37		6,589,910.47	6,589,910.47	7,454,065.84
1	进口检修闸门		127,550.35	127,550.35	53,751.60		181,301.95		1,382,579.64	1,382,579.64	1,563,881.59
2	出口工作闸门		78,878.32	78,878.32	603,975.10		682,853.42		5,207,330.83	5,207,330.83	5,890,184.25
(6)	压力钢管制作与安装工程		1,685,910.63	1,685,910.63			1,685,910.63		12,856,484.49	12,856,484.49	14,542,395.12
3	环境保护工程	43,388,410.48		43,388,410.48			43,388,410.48		161,648,820.38	161,648,820.38	205,037,230.86
(1)	鱼类增殖站	13,693,825.48		13,693,825.48			13,693,825.48		104,426,920.20	104,426,920.20	118,120,745.68
(2)	工程设施	7,503,685.00		7,503,685.00			7,503,685.00		57,221,900.18	57,221,900.18	64,725,585.18
(3)	集运鱼系统工程	15,904,200.00		15,904,200.00			15,904,200.00				15,904,200.00
(4)	分层取水工程	6,286,700.00		6,286,700.00			6,286,700.00				6,286,700.00
4	水土保持工程	66,747,747.99		66,747,747.99			66,747,747.99		509,007,637.29	509,007,637.29	575,755,385.28
(1)	工程设施	40,014,152.06		40,014,152.06			40,014,152.06		305,141,515.81	305,141,515.81	345,155,667.87
(2)	植物措施	26,733,595.93		26,733,595.93			26,733,595.93		203,866,121.49	203,866,121.49	230,599,717.42
(三)	不需安装设备			0.00	1,653,798.70	877,582.18	2,531,380.88				2,531,380.88
1	交通工具			0.00	1,390,900.00		1,390,900.00				1,390,900.00
2	办公设备			0.00	214,077.50	877,582.18	1,091,659.68				1,091,659.68
3	消防设备			0.00	48,821.20		48,821.20				48,821.20
二	流动资产			0.00	125,180.00		125,180.00				125,180.00
(一)	备品备件			0.00	125,180.00		125,180.00				125,180.00
	合计	1,095,895,428.08	10,350,233.14	1,106,245,661.22	75,932,967.99	877,582.18	1,183,056,211.39	4,283,223.16	8,655,274,293.93	8,659,557,517.09	9,842,613,728.48

水利基本建设项目交付使用资产表

接收单位：H 省×××水库运行管理中心　　　　工竣财 6 表　　单位：元

	资产项目名称	结构、规格、型号、特征	坐落位置	计量单位	单位价值	数量	资产金额	备注
一	固定资产						9,842,488,548.48	
(一)	房屋及构筑物						8,330,292,211.09	
1	主体建筑工程						7,714,777,769.50	
(1)	土石坝工程	3261m 黏土心墙砂砾石坝	C 市 S 区	m	1,269,748.25	3,261	4,140,649,052.96	
(2)	重力坝段工程	429.57m 混凝土	C 市 S 区	m	7,477,377.60	430	3,212,057,097.51	
(3)	副坝工程	土坝	C 市 S 区	座	73,788,294.42	1	73,788,294.42	
(4)	南灌溉洞工程	钢筋混凝土	C 市 S 区	座	6,615,218.26	1	6,615,218.26	
(5)	北岸灌溉洞	钢筋混凝土	C 市 S 区	座	127,003,930.83	1	127,003,930.83	
(6)	水电站工程	厂房	C 市 S 区	座	154,664,175.52	1	154,664,175.52	
2	交通工程						226,730,652.14	
(1)	坝顶公路桥	预制空心板	C 市 S 区	座	28,241,683.82	1	28,241,683.82	
(2)	右岸道路	沥青路面	C 市 S 区	km	4,869,771.79	29.3	142,684,313.42	
(3)	左岸道路	沥青路面	C 市 S 区	km	2,173,475.04	10.6	23,038,835.39	
(4)	电站及变电站进场道路	沥青路面	C 市 S 区	座	11,776,885.64	1	11,776,885.64	
(5)	跨淮河桥	预应力桥	C 市 S 区	座	11,744,552.13	1	11,744,552.13	
(6)	坝前、后路	7m 宽沥青路	C 市 S 区	条	9,244,381.73	1	9,244,381.73	
3	供电线路工程	10kV、0.4kV 地埋	C 市 S 区	座	4,140,403.13	1	4,140,403.13	
4	房屋建筑工程						148,822,327.27	
(1)	前方生产区房屋	框架结构、外墙干挂石材	C 市 S 区	座	82,430,778.61	1	82,430,778.61	
(2)	仓库、油库、观测等生产用房	厂房	C 市 S 区	座	15,407,036.97	1	15,407,036.97	
(3)	生活文化福利建筑工程	柴油发电机房、供水房	C 市 S 区	座	13,337,031.47	1	13,337,031.47	
(4)	室外工程		C 市 S 区	座	37,647,480.22	1	37,647,480.22	
1	篮球场	钢构，膜结构	C 市 S 区	座	22,391,487.24	1	22,391,487.24	

续表

	资产项目名称	结构、规格、型号、特征	坐落位置	计量单位	单位价值	数量	资产金额	备注
2	大门	框架结构、外墙干挂石材	C市S区	座	5,635,037.43	1	5,635,037.43	
3	停车场	钢构，膜结构	C市S区	座	1,524,569.49	1	1,524,569.49	
4	国旗台	汉白玉栏杆、不锈钢旗杆	C市S区	座	1,460,353.22	1	1,460,353.22	
5	营地迎宾大道照明工程	中华灯	C市S区	座	3,993,763.86	1	3,993,763.86	
6	建管局营地景观石	花岗岩	C市S区	座	45,889.47	1	45,889.47	
7	庭院灯工程	混凝土基础、庭院灯	C市S区	座	240,824.82	1	240,824.82	
8	供水设施	净水设备、供水管网	C市S区	座	2,350,042.18	1	2,350,042.18	
9	车辆识别系统	智能识别系统	C市S区	套	5,512.50	1	5,512.50	
5	其他建筑工程						229,316,457.26	
(1)	内部观测工程	安全监测仪器	C市S区	座	66,423,179.54	1	66,423,179.54	
(2)	防汛码头	钢筋混凝土结构	C市S区	座	90,430,493.77	1	90,430,493.77	
(3)	界桩工程	混凝土结构	C市S区	座	48,646,840.09	1	48,646,840.09	
(4)	坝区大门	框架结构、外墙干挂石材	C市S区	座	18,274,704.33	1	18,274,704.33	
(5)	公厕	砖混结构	C市S区	座	5,541,239.53	1	5,541,239.53	
6	35kV 线路	塔杆基础、35kV 线缆	C市S区				6,504,601.80	
（二）	专用设备-机电设备						365,732,686.66	
1	发电设备及安装工程						93,879,432.85	
(1)	水轮机设备	水轮机及调节器	C市S区	台	4,640,766.70	3	13,922,300.09	
(2)	发电机设备	发电机及励磁装置	C市S区	台	6,112,761.88	3	18,338,285.63	
(3)	起重设备	慢速桥机	C市S区	套	2,101,640.17	1	2,101,640.17	
(4)	水利机械辅助设备	油系统、压气系统、供水系统、水力量测系统	C市S区	套	8,168,082.22	1	8,168,082.22	
(5)	电气设备		C市S区				51,349,124.74	
1	厂用电设备	电站用电设备	C市S区	套	37,193,320.95	1	37,193,320.95	51349124.74

续表

	资产项目名称	结构、规格、型号、特征	坐落位置	计量单位	单位价值	数量	资产金额	备注
2	控制保护系统	保护电气设备正常运行不受损坏	C市S区	套	10,811,826.33	1	10,811,826.33	5.96046E-08
3	直流系统	为给信号设备、保护、自动装置、事故照明、应急电源及断路器分、合闸操作提供直流电源	C市S区	套	1,940,566.80	1	1,940,566.80	
4	电缆及其附件	配套设施	C市S区	套	1,403,410.67	1	1,403,410.67	
2	升压变电设备及安装工程		C市S区				5,456,901.41	
(1)	主变压器设备	升压变压器	C市S区	台	2,728,450.71	2	5,456,901.41	
3	公用设备						265,865,203.14	
(1)	通信设备	对C水库各种通讯设备信号的转换，已经各个设备之间的供电	C市S区	套	835,015.80	1	835,015.80	
(2)	通风系统	用于设备通风	C市S区	套	38,653,065.89	1	38,653,065.89	
(3)	计算机监控系统	对C水库各个位置的设备的状态数据采集以及存储	C市S区			1	37,150,653.94	
1	水电站计算机监控系统	用于监控水电站	C市S区	套	33,340,435.10	1	33,340,435.10	
2	南灌溉洞计算机监控系统	用于监控南灌溉洞	C市S区	套	3,810,218.84	1	3,810,218.84	
(4)	视频监视系统	对水电站各个位置的摄像机数据采集处理，同时为其提供硬件处理	C市S区	套			34,401,098.39	
1	水电站视频监视系统	用于监控水电站	C市S区	套	34,401,098.39	1	34,401,098.39	
(5)	管理自动化系统	对C水库各类监测数据进行采集处理分析，同时为信息化系统提供硬件支撑	C市S区				116,891,859.80	
1	管理局综合自动化系统		C市S区	套	57,369,675.36	1	57,369,675.36	
2	水库综合信息化管理系统		C市S区	套	59,522,184.44	1	59,522,184.44	

续表

	资产项目名称	结构、规格、型号、特征	坐落位置	计量单位	单位价值	数量	资产金额	备注
(6)	防雷接地系统	防止因雷击而造成损害；防止静电产生危害	C市S区	t	100,705.56	33	3,272,930.71	
(7)	坝区馈电设备		C市S区				32,334,037.49	
1	表孔底孔	指被控制装置向控制点的送电，即对一个用户电路供电	C市S区	套	14,535,956.24	1	14,535,956.24	
2	管理局		C市S区	套	11,994,145.44	1	11,994,145.44	
3	北灌溉洞		C市S区	套	5,803,935.81	1	5,803,935.81	
(8)	大坝照明	箱式变电站、照明路灯	C市S区	套	2,857,690.37	1	2,857,690.37	
(三)	专用设备—金属机构						363,139,653.70	
1	溢流坝金属结构						244,198,822.00	
(1)	溢流坝工作门	工作门（弧形闸门8扇）、液压启闭机（2×1600kN）	C市S区	套	189,249,604.05	1	189,249,604.05	
(2)	表孔检修门	上游检修门、双向门机（2×400kN，自重130t）	C市S区	套	54,949,217.95	1	54,949,217.95	
2	泄洪底孔金属结构		C市S区				57,124,813.82	
(1)	泄洪底孔工作门	工作门（潜孔式弧形闸门）、液压启闭机（1000/500kN）	C市S区	套	48,005,901.03	1	48,005,901.03	
(2)	泄洪底孔检修门	检修门（3孔）	C市S区	套	9,118,912.79	1	9,118,912.79	
3	北灌溉洞金属结构	进口工作门、液压机（500/200kN）、检修门、固定卷扬机（QPQ-400kN）	C市S区	套	9,989,793.89	1	9,989,793.89	
4	水电站金属结构						29,829,763.05	
(1)	拦污栅	拦污栅体、拦污栅槽	C市S区	套	3,633,794.71	1	3,633,794.71	
(2)	电站进口快速闸门	快速闸门、液压机（QPKY-400kN）	C市S区	套	19,668,404.83	1	19,668,404.83	

续表

	资产项目名称	结构、规格、型号、特征	坐落位置	计量单位	单位价值	数量	资产金额	备注
(3)	电站进口检修闸门	检修闸门（3）	C市S区	套	3,223,994.17	1	3,223,994.17	
(4)	尾水检修闸门	检修闸门	C市S区	套	3,303,569.35	1	3,303,569.35	
5	南灌溉涵金属结构						7,454,065.84	
(1)	进口检修闸门	检修闸门、固定卷扬机（QP-2×400kN）	C市S区	套	1,563,881.59	1	1,563,881.59	
(2)	出口工作闸门	（400/200kN）	C市S区	套	5,890,184.25	1	5,890,184.25	
6	压力钢管制作与安装工程	压力钢管	C市S区	t	326,795.40	45	14,542,395.12	
（四）	专用设备-环境保护		C市S区				205,037,230.86	
1	鱼类增殖站	通过人工增殖向鱼类栖息水域补充投放一定数量的该种鱼类，以保护和恢复其种群数量	C市S区	座	118,120,745.68	1	118,120,745.68	
2	工程设施	用于环境保护相关	C市S区	座	64,725,585.18	1	64,725,585.18	
3	集运鱼系统工程	集运鱼系统是进行鱼类洄游保护，降低鱼类损伤、鱼类过坝的一种方式	C市S区	座	15,904,200.00	1	15,904,200.00	未完工程
4	分层取水工程	分层取水是取水构筑物在不同水深处，可分别取不同水深、水质较好地表水的取水方式	C市S区	座	6,286,700.00	1	6,286,700.00	未完工程
（五）	专用设备-水土保持						575,755,385.28	
1	工程设施	用于水土保持相关	C市S区	座	345,155,667.87	1	345,155,667.87	
2	植物措施	用于水土保持相关	C市S区		230,599,717.42	1	230,599,717.42	
（六）	专用设备-水上交通设备						372,893.08	
1	防汛冲锋舟	湖北博浪	C市S区	辆	57,166.67	3	171,500.00	

续表

	资产项目名称	结构、规格、型号、特征	坐落位置	计量单位	单位价值	数量	资产金额	备注
2	清淤船	东方环保机械	C市S区	辆	200,000.00	1	200,000.00	
3	船	3m玻璃钢船	C市S区	艘	1,393.08	1	1,393.08	
（七）	专用设备-消防设备						48,821.20	
1	消防设备	专用消防系统	C市S区	批		1	48,821.20	
（八）	通用设备							
1	交通设备						1,132,967.31	
（1）	洗扫车	程力牌	C市S区	辆	318,000.00	1	318,000.00	
（2）	电动巡逻车	金龙牌	C市S区	辆	47,133.33	3	141,400.00	
（3）	越野车	红旗HS7	C市S区	辆	280,000.00	1	280,000.00	
（4）	多用途汽车（MPV）	别克GL8	C市S区	辆	280,000.00	1	280,000.00	
（5）	车辆	尼桑多功能用途车	C市S区	辆	56,783.66	2	113,567.31	
2	计算机设备						94,406.06	
（1）	打印机	HP-P1108	C市S区	台	1,180.56	1	1,180.56	
（2）	电脑	C4030	C市S区	台	2,979.17	1	2,979.17	
（3）	电脑	C4030	C市S区	台	541.67	1	2,708.33	
（4）	电脑	S2421hsx	C市S区	台	4,999.00	12	59,988.00	
（5）	电脑	联想天逸510Pro	C市S区	台	4,850.00	5	24,250.00	
（6）	扫描仪	HP-4000snw	C市S区	台	3,300.00	1	3,300.00	
3	办公设备						282,962.70	
（1）	录音笔	飞利浦vtr9000	C市S区	台	1,322.12	1	1,322.12	
（2）	云台相机	大疆口袋灵眸2	C市S区	台	3,189.08	1	3,189.08	
（3）	空调	KFR-35GW分体	C市S区	台	804.00	6	4,824.00	
（4）	空调	KFR-35GW变频分体	C市S区	台	990.00	4	3,960.00	

续表

	资产项目名称	结构、规格、型号、特征	坐落位置	计量单位	单位价值	数量	资产金额	备注
(5)	空调	KFR－72GW 变频柜机	C 市 S 区	台	2,025.00	2	4,050.00	
(6)	空调	KFR－35GW 变频分体	C 市 S 区	台	1,283.33	6	7,700.00	
(7)	空调	KFR－50LW	C 市 S 区	台	2,738.33	2	5,476.67	
(8)	空调	KFR－35GW	C 市 S 区	台	1,545.83	8	12,366.67	
(9)	空调	KFR－35GW	C 市 S 区	台	1,750.00	4	7,000.00	
(10)	四门冰柜	1200m×750m×1900m	C 市 S 区	台	2,158.33	1	2,534.50	
(11)	电动窗帘	12.3m×2.71m	C 市 S 区	台	1,220.50	1	1,220.50	
(12)	豆浆机	九阳 JYS－100S02	C 市 S 区	台	993.33	1	993.33	
(13)	排烟系统	烟罩＋排烟风柜 7.6kW	C 市 S 区	台	4,958.33	1	4,958.33	
(14)	开水器	6kW/380V	C 市 S 区	台	700.00	1	700.00	
(15)	双门蒸饭车	24 盘/380V	C 市 S 区	台	2,391.67	1	2,391.67	
(16)	电饼铛	5kW/380V	C 市 S 区	台	700.00	1	700.00	
(17)	档案室消防系统	档案专用消防系统设备	C 市 S 区	台	36,086.17	1	36,086.17	
(18)	档案密集柜系统	智能密集架、环境系统及设备	C 市 S 区	台	168,389.67	1	168,389.67	
(19)	无人机	大疆 phantom 4 pro＋v	C 市 S 区	台	11,900.00	1	11,900.00	
(20)	碎纸机	科密 A880m	C 市 S 区	台	1,600.00	2	3,200.00	
(九)	家具、用具、装具						599,330.53	
1	办公桌	1.8 实木班台	C 市 S 区	台	1,386.67	1	1,386.67	
2	办公桌	2400m×2390m×760m 班台	C 市 S 区	台	1,563.33	2	3,126.67	
3	办公桌	2200m×2000m×760m 班台	C 市 S 区	台	818.89	2	1,637.78	
4	会议桌	1200m×500m	C 市 S 区	台	532.00	72	38,304.00	
5	会议桌	9400m×2200m×760m	C 市 S 区	台	32,993.78	1	32,993.78	
6	会议桌	1200m×450m×760m	C 市 S 区	台	1,451.67	8	11,613.33	
7	讲台桌	9 人位	C 市 S 区	台	1,182.22	9	10,640.00	

续表

	资产项目名称	结构、规格、型号、特征	坐落位置	计量单位	单位价值	数量	资产金额	备注
8	餐桌	2.2m 餐桌	C市S区	台	2,112.00	1	2,112.00	
9	餐桌	1.8m 圆桌	C市S区	台	547.67	6	3,286.00	
10	餐桌	2.2m 餐桌	C市S区	台	912.78	2	1,825.56	
11	餐桌	2.6m 餐桌	C市S区	台	1,369.17	1	1,369.17	
12	办公椅	真皮老板椅	C市S区	台	1,040.00	1	1,040.00	
13	办公椅	班椅	C市S区	台	1,042.22	4	4,168.89	
14	办公椅	班前椅	C市S区	台	372.22	4	1,488.89	
15	办公椅	列席椅	C市S区	台	483.89	16	7,742.22	
16	会议椅	会议椅	C市S区	台	399.00	144	57,456.00	
17	会议椅	会议椅	C市S区	台	2,665.11	26	69,292.89	
18	讲台椅	讲台椅	C市S区	台	480.28	9	4,322.50	
19	餐椅	餐椅	C市S区	台	100.75	60	6,045.00	
20	餐椅	餐椅	C市S区	台	163.61	48	7,853.33	
21	沙发茶几	弯扶手沙发加茶几	C市S区	台	906.67	1	906.67	
22	单人沙发	单人沙发	C市S区	台	1,108.33	8	8,866.67	
23	角几	700m×300m	C市S区	台	421.17	6	2,527.00	
24	沙发茶几	1+3+长茶几	C市S区	台	1,488.89	4	5,955.56	
25	文件柜	上玻璃下铁	C市S区	台	266.67	11	2,933.33	
26	文件柜	五节柜	C市S区	台	266.67	1	266.67	
27	文件柜	上玻璃	C市S区	台	288.89	4	1,155.56	
28	文件柜	上玻璃	C市S区	台	338.89	7	2,372.22	
29	文件柜	2门	C市S区	台	384.22	11	4,226.44	
30	文件柜	3600m×400m×200m	C市S区	台	1,488.89	2	2,977.78	
31	文件柜	2250m×400m×2000m	C市S区	台	744.44	2	1,488.89	

续表

	资产项目名称	结构、规格、型号、特征	坐落位置	计量单位	单位价值	数量	资产金额	备注
32	文件柜	上玻璃	C市S区	台	392.89	5	1,964.44	
33	文件柜	上玻璃	C市S区	台	426.67	3	1,280.00	
34	文件柜	上玻璃	C市S区	台	412.42	2	824.83	
35	荣誉室书柜	定制书柜	C市S区	台	92,630.21	1	92,630.21	
36	茶水柜	1200m×400m×800m	C市S区	台	1,116.67	5	5,583.33	
37	碗柜	24格碗柜	C市S区	台	1,572.00	3	4,716.00	
38	衣柜	实木衣柜	C市S区	台	2,401.67	4	9,606.67	
39	床	1.2m×2m	C市S区	张	656.00	11	7,216.00	
40	床	1.8m×2m	C市S区	张	2,218.67	1	2,218.67	
41	床	1.5m×2m	C市S区	张	768.00	3	2,304.00	
42	床	1.2m×2m	C市S区	张	710.67	6	4,264.00	
43	床	1.5m×2m（含床垫、垫背）	C市S区	张	1,321.67	2	2,643.33	
44	床	1.8m×2m（含床头柜）	C市S区	张	1,819.44	4	7,277.78	
45	床垫	席梦思床垫	C市S区	张	1,892.22	4	7,568.89	
46	货架	保温车加货架	C市S区	台	1,306.67	1	1,306.67	
47	货架	2m×2m×50cm	C市S区	台	1,125.00	1	1,125.00	
48	牌匾	白底漆木质	C市S区	台	348.33	2	696.67	
49	平板推车	3盘1层	C市S区	台	201.67	2	403.33	
50	备餐台	不锈钢餐台	C市S区	台	320.00	3	960.00	
51	垃圾桶	室外垃圾桶	C市S区	台	135.33	20	2,706.67	
52	升降梯	升降梯	C市S区	台	488.00	1	488.00	
53	双炒单温灶	1800m×1000m×800m	C市S区	台	1,108.33	1	1,108.33	
54	防溺亡设备	防溺亡警示栏及救援设备	C市S区	台	1,877.14	7	13,140.00	
55	窗帘	遮光窗帘	C市S区	套	82.18	44	3,616.07	

续表

	资产项目名称	结构、规格、型号、特征	坐落位置	计量单位	单位价值	数量	资产金额	备注
56	运动地胶	橡胶	C市S区	套	23.33	73	1,709.40	
57	洗车地格栅	拼接式格栅	C市S区	套	3,638.80	1	3,638.80	
58	办公桌	1.4m 桌椅	C市S区	台	900.00	30	27,000.00	
59	会议桌	2.4m×1.2m	C市S区	台	1,600.00	2	3,200.00	
60	会议桌	9000m×2400m×780m	C市S区	台	14,040.00	1	14,040.00	
61	会议桌	7200m×2200m×780m	C市S区	台	11,232.00	1	11,232.00	
62	会议椅	转椅	C市S区	台	650.00	4	2,600.00	
63	会议椅	常规	C市S区	台	630.00	48	30,240.00	
64	沙发	三人位加茶几	C市S区	台	1,600.00	1	1,600.00	
65	沙发	3+1+1 沙发加茶几	C市S区	台	3,050.00	1	3,050.00	
66	书柜	5门	C市S区	台	2,000.00	2	4,000.00	
67	档案柜	上玻下铁	C市S区	台	350.00	11	3,850.00	
68	抽屉柜	可移动	C市S区	台	350.00	2	700.00	
69	木床	1.2m	C市S区	张	900.00	4	3,600.00	
70	货架	货架 2m×2m×0.6m	C市S区	台	460.00	4	1,840.00	
71	防汛仓库货架	不锈钢货架	C市S区	台	500.00	20	10,000.00	
	合计						9,842,488,548.48	
二	流动资产							
(一)	备品备件							
1	扳手	MAXPOWER - M11305	C市S区	个	20.00	3	60.00	
2	万用表	优利德 UT33B	C市S区	台	40.00	1	40.00	
3	水平仪	恒昌绿光 8 线	C市S区	台	279.00	2	558.00	
	……		C市S区					
	合计		C市S区	批	125,180.00	1	125,180.00	
	合　计						9,842,613,728.48	

水利基本建设项目待核销基建支出表

工竣财 7 表　　单位：元

费用项目	金额	核销原因与依据
合　计		

水利基本建设项目转出投资表

工竣财 8 表　　单位：元

项目	项目地点与特征	产权单位	计量单位	数量	金额	转出原因与依据
交通道路	×××市×××区×××	×××市交通局	km	26.75	23,194,940.07	依据《×××会议纪要》、根据基本建设财务规则第四十条规定，移交给C市交通局
合计					23,194,940.07	

第四节　报　表　分　析

对水利基本建设项目相关报表进行全面、动态的分析，有利于项目建设单位及时掌握工程建设项目预算执行率、投资完成与控制率、绩效目标管理及资产负债率等财务状况，为工程建设顺利实施提供财务支撑和决策支持。

一、报表分析侧重点与常用指标体系

项目建设单位应当着重对项目建设成本、工程造价、投资控制、偿债能力、持续经营能力等实施财务分析，根据管理需要和项目特点选用社会效益指标、财务效益指标、工程质量指标、建设工期指标、资金来源指标、资金使用指标、投资回收期指标等指标来构建水利基本建设项目报表分析的指标体系。

二、报表分析常用方法

根据水利基本建设项目的建设周期长、资金来源渠道多等特征，项目建设单位在报表分析时，应该遵循定量分析与定性分析相结合、动态分析与静态分析相结合的原则，具体分析方法有：比率分析法、比较分析法、结构分析法、因素分析法等。

比率分析法，就是通过计算、比较各项经济指标的比率，来确定相对数差异的一种方法。它可以把不同条件下的不可比较指标转变为可以比较的指标，从而使分析效果更为客观实际。根据不同的内容和不同的要求，比率分析法可以分为相关比率分析、结构比率和趋势比率分析。相关比率分析是指将两个相关的财务指标进行比较，用以反映两个相互关联的指标之间的数量比例关系。结构比率分析是对某项财务指标的内部各构成部分的数值与该指标总体数值的比率分析，可以说明局部和整体之间的比例关系。利用结构比率及其变化，往往可以发现某项指标的变化及结构变化之间的联系，从而确定影响该项指标的主要因素。趋势比率分析是将同一指标在不同时期的数值进行比较，求出比率，以观察和判断企业经营状况的发展趋势。

比较分析法是将两个或两个以上相关指标进行对比，测算出相互间的差异，从中进行分析、比较，找出产生差异的主要原因的一种分析方法。例如，将本单位的本期实际执行与本期计划、预算进行对比，通过对比，找出差距，发现问题。还可以将本单位的本期实际执行与同类单位先进水平进行比较，即将本单位与其他同类型单位的有关指标的完成情况进行对比，如将各项开支标准的实际执行情况，在同类型单位之间加以比较，从而发现与先进单位的差距，有利于取长补短，挖掘潜力。通过比较，可以了解本期与过去时期的增减变化情况，研究其发展趋势，分析原因，找出改进工作的方向。比较分析法通常有增减数额和增减百分比两种计算方式，具体如下：

实际数较计划数增减数额＝本期的实际完成数－本期的预算（计划）数

预算（计划）完成的百分比＝本期的实际完成数÷本期的预算（计划）数×100％

结构分析法是在同一财务报表中对每个项目进行比较，将其他项目与某个关键项目进行比较，以显示每个项目的相对地位，分析每个项目的比例是否合理。结构分析方法可以帮助分析人员掌握水利基本建设项目建设单位内部报表项目的比例是否合理。

因素分析法是在几个相互联系的因素中，以数值来测定各个因素的变动对总差异的影响程度的一种方法，因此，又称连环替代法。因素分析法一般是将其中的一个因素定为可变量，而将其他因素暂时定为不变量，进行替换，以测定每个因素对该项指标影响的程度，然后根据构成指标诸因素的依存关系，再逐一测定各因素的影响和程度。因素分析法的一般程序是：①根据各个因素，求得指标实际执行数。②按照一定顺序将各因素变动，求得对指标实际执行的影响程度。③将各因素变动对指标实际执行数的影响数值相加，即是实际数与计划数之间的总差额。

三、建设项目分析

（一）预算执行情况分析

项目建设单位应围绕项目当年投资计划下达和资金到位情况，当年财政预算执行与年度绩效目标实现情况，与上年度对比情况展开分析，计算增减绝对值与幅度，分析增减变动主要原因。

常见的预算执行情况分析指标有投资计划下达率、资金到位率等，具体计算公式如下：

投资计划下达率（与概算相比）＝累计下达投资计划/工程批复概算总投资

资金到位率（与下达投资计划相比）＝累计到位资金/累计下达投资计划等

此外，项目建设单位还应围绕年度资金结转、结余展开分析，结合概算总投资和建设工期，通过趋势分析等方法，提出消化结转和结余资金的对策。

（二）基本建设项目投资控制情况分析

基本建设项目投资控制情况分析包括工程概（预）算执行情况分析、工程成本分析、合同结算情况分析等内容。

工程概（预）算执行情况分析，旨在提升概（预）算执行率，满足年度投资目标任务。项目建设单位应对照批复概算总投资和年度预算目标，按照概算子项目定期对工程项目的概（预）算执行进行分项梳理分析，计算概算执行率，查找概（预）算执行缓慢症结，并提出办法和措施。常用分析指标有概算项目执行率、概算项目年度执行率。具体计算过程如下：

概算项目执行率＝概算项目累计完成投资/该项目概算金额

概算项目年度执行率＝概算项目本年度完成投资/该项目概算金额

工程成本分析，旨在强化投资控制，节约工程投资。项目建设单位应对照批复概算总投资及其明细成本构成对各单元工程建设成本完成情况逐项进行分析，计算实际成本较概算增减率。具体分析指标包括建筑安装工程投资、设备投资、待摊投资、其他投资的完成情况等，尤其对工程预备费使用、工程变更（索赔）情况及待摊投资组成等内容进行重点说明，提出强化全过程成本控制、优化工程投资结构等举措。

合同结算情况分析，旨在提高合同执行率。项目建设单位应定期对各项合同的完成金额、比例、预付工程款、工程备料款、履约保证金、工程质保金扣留等情况进行梳理分析，查找合同执行缓慢症结，并提出办法和措施。常用分析指标有合同支付率、合同签订率。具体计算公式如下：

合同支付率＝某项合同累计支付金额/该项合同总金额

合同签订率＝已累计签订的合同总金额/已累计完成招标标的总金额

（三）水利基本建设项目财务状况分析

水利基本建设项目财务状况分析包括对项目建设单位的资产、负债等要素的情况展开分析，通过一系列财务比率分析项目建设单位整体财务状况，进而评价基本建设项目的投资效益情况。

在资产要素方面，分析项目建设单位的货币资金、长期投资、固定资产、在建工程、公共基础设施等重要资产项目的结构特点和变化情况。在负债要素方面，结合短期借款、长期借款等重点负债项目的增减变化情况，分析项目建设单位债务规模和债务结构等。运用资产负债率、现金比率、流动比率等指标，分析项目建设单位整体财务状况。运用净现值率、内部收益率、静态（动态）投资回收期等指标，分析水利建设工程投资效益情况。

第五节　其他会计核算制度相关要求

一、企业会计准则制度的相关要求

企业性质的项目建设单位应当按照《企业会计准则》编制资产负债表、现金流量表以及企业年度财务报告。其中，水利基本建设项目的收、支的资金反映在“投资活动产生的现金流量—购建固定资产、无形资产和其他长期资产支付的现金”及“筹资活动产生的现金流量”等栏目中。

二、《国有建设单位会计制度》的相关要求

项目建设单位执行《国有建设单位会计制度》的，应当编制年度固定资产投资决算报表，具体包含以下内容：①报表封面；②报表目录；③财务情况说明书；④主表；⑤附表。其中，主表包括资金平衡表、投资项目表、资产基本情况表、待摊投资明细表等；附表包括其他投资明细表、建设单位管理费明细表、基建投资完成情况简表、其他应付款明细表、其他应收款明细表、土建施工合同及设备安装合同工程结算款情况明细表、设备采购合同设备支付款情况明细表、技术服务类合同支付款情况明细表等。

主表的表样参照竣工财务决算报表样式，附表可由水利基本建设项目建设单位根据基本建设工程特点，自行设计表样。主表和附表的填报方法亦可参照竣工财务决算报表编制方法，在这里不再详细赘述。

财务情况说明书具体包括的内容有单位基本情况和工程概况。

单位基本情况包括：单位组建、主要职责、内设机构、人员编制情况、本年度机构、人员变化情况及其原因。

工程概况包括：工程基本情况；工程建设进展情况；财务管理情况；计划（预算）下达情况；资金到位及完成情况；征地移民资金拨付及使用情况；工程投资效益情况；审计检查整改落实情况；编表说明。

决算报表分析是本单位财务工作开展情况与下一步工作的打算，对财务管理、会计核算和资金监管等进行分析说明，同时，总结强化投资控制、加强资金管理、提高会计核算工作质量的经验。

第六节　常见问题及重点关注

一、常见问题

（一）部门财务报告编报不准确

某市水利工程运行管理中心于2×22年10月接收项目建设单位移交新建排灌站1座，价值2500万元，双方已办理资产移交手续，而该中心在编制2×22年度政府部门财务报告未反映该项资产及其价值。

不符合《财政部关于开展2022年度政府部门财务报告编报工作的通知》“一（二）狠抓基础管理，做好数据衔接……加强日常对账，扎实做好公共基础设施、政府储备物资、保障性住房、文物文化资产的会计核算。健全内部控制机制，按规定定期清查资产负债，未入账的资产负债要及时确认入账……”的规定。

（二）不按时编制竣工财务决算

2×19年10月，某项目建设单位新建水库，批复概算投资1.47亿元。20×21年2月水库建设并投入使用，3月该项目建设单位对该水库暂估入账，价值1.47亿元。截至2×21年12月31日，该项目建设单位仍然没有编制竣工财务决算。

不符合《基本建设财务规则》第三十三条“项目建设单位在项目竣工后，应当及时编制项目竣工财务决算，并按照规定报送项目主管部门”的规定。也不符合《基本建设项目竣工财务决算管理暂行办法》第二条“基本建设项目完工可投入使用或者试运行合格后，应当在3个月内容编报竣工财务决算，特殊情况确需要延长的，中小型项目不得超过2个月，大型项目不得超过6个月”的规定。

（三）未及时办理资产交付

2×19年2月，某项目建设单位建设的水利基础设施建设工程全部完工。5月，该项目建设单位编制竣工财务决算，7月该项目竣工验收合格，并投入使用。截至2×22年12月31日，仍未办理资产交付使用手续。

不符合《基本建设财务规则》第四十二条“项目竣工验收合格后应当及时办理资产交付使用手续，并依据批复的项目竣工财务决算进行账务调整”的规定。也不符合《行政事业性国有资产管理条例》第三十一条“各部门及其所属单位采用建设方式配置资产的，应当在建设项目竣工验收合格后及时办理资产交付手续，并在规定期限内办理竣工财务决算，期限最长不得超过1年”的规定。

二、重点关注

（一）报表编制

（1）水利基本建设项目会计报表是项目建设单位经济指标和财务状况的综合反映，各项目建设单位务必高度重视报表的编报质量，做到账表一致以及部门决算报表、年度政府财务报告、基本建设项目进度报表和竣工财务决算报表等各类报表数据相互映衬，勾稽关系正确。

（2）项目建设单位还应高度重视报表编报前的清理工作，包括账目核对及账务调整、财产物资核实处理、各类往来款项清查核对、档案资料归集整理等，做到项目建设成本能够准确确认和计量、各类报表数据真实可靠。

(3) 项目建设单位在编报各类财务报表时，应严格按照编表要求填报，不得任意改动报表框架结构，不得任意增加或减少栏次等，如有需要说明的特殊情况，可在编表说明中进行披露。

(二) 报表分析

项目建设单位应加强对各类会计报表分析结果的应用，特别是运用科学合理的评价方法和评价标准，对项目建设全过程中资金筹集、使用及核算的规范性、有效性，以及投入运营效果、项目经济效益和社会效益等诸多方面进行整体客观分析与评价，为项目决策提供有益参考价值。